野州の麻と民俗

人と麻に育まれた暮らしと文化

柏村　祐司
篠﨑　茂雄

はじめに

栃木県立博物館名誉学芸員　柏村　祐司

「野州麻」の野州とは、栃木県の旧国名下野国の異称である。かつて麻（大麻のこと）は、栃木県の特産品として各地に出荷され、麻の市場の中で栃木県産の麻が優位をしめた。そのことから栃木県で栽培生産された麻を、「野州麻」と呼ぶようになったのである。

野州麻の栽培生産地は、足尾山間地およびその周辺地であり、江戸時代から昭和期頃まで、全国一の麻の栽培生産が行われ、麻は貴重な現金収入源となった。そこでは、麻の栽培生産を中心とした暮らしが展開され、他の地域に見られない特異な「野州麻文化」が育った。麻の種まき器や麻切り包丁、麻風呂といった野州麻栽培地独特の用具の使用、「結い播き」とか「手伝いっこ」といった麻農家同士の相互扶助、麻引き終了後の「麻引き祝い」の風習、「お天祭」と称する麻の成長を祈る祭り、群馬県板倉雷電神社等への麻栽培に災害をもたらす降雹や突風除け等の祈願等の信仰である。

ところが昭和四十年代頃より、麻の需要が減り、野州麻の栽培生産が衰退した。ナイロンに代表される化学繊維の普及により漁網や綱等は化学繊維にとって代わられ、また、下駄に代わって靴が普及する等が麻の需要減少の主な要因である。麻の栽培生産の衰退は、麻の文化にも大きな影響を与えた。野州麻独特の種まき器や麻風呂、麻切り包丁等の用具は、納屋の片隅に追いやられあるいは廃棄処分され、また、お天祭や麻にまつわる信仰も衰退した。麻文化の衰退を引き起した。

こうした状況下にあり、栃木県立博物館では、「野州麻文化」を記録に残そうと野州麻の栽培生産の様子を調べるとともに、種まき器や麻切り包丁、麻風呂等の生産用具の収集保管に努めた。主務者は民俗部門学芸員の筆者と篠﨑茂雄氏である。筆者にとっては、栃木県立博物館における学芸活動の集大成でもあった。やがて活動が実り、麻の栽培生産用具は、「野州麻の生産用具」として国の重要有形民俗文化財に指定され、また「国指定重要有形民俗文化財　野州麻の生産用具」として調査報告書を刊行することができた。一方、栽培生産方法やそれにまつわる相互扶助や信仰等は、「野州麻作りの民俗」として調査報告書を刊行することができた。

ところで二冊の調査報告書は、発行部数も少なく内容も研究者向けである。そこで何とか一般向けの本が出版できないかと思っていたのである。そうした折に随想舎の卯木伸男社長より、本書の執筆依頼があった。筆者は願ってもないことと快諾するとともに、篠崎茂雄氏に共同執筆を依頼したのである。

念願の本が「野州の麻と民俗」と題して出版できたことは望外の喜びである。願わくは、多くの方に本書を読んでいただき、野州麻文化の何たるかを知っていただければと思う。また、本書がきっかけとなり、読者の皆さん方に麻が将来性ある作物であることを理解していただき、ひいてはそれが野州麻文化の再来の礎に繋がればとも思う。

本書の執筆には、多くの野州麻農家の人々等のご協力があった。麻農家の人の語ってくれたお話こそが、執筆の基礎になった。こうした方々に対して改めて感謝の意を表したい。また、写真の提供にご協力いただいた栃木県立博物館、および全国一の麻栽培生産農家で日本麻振興会代表理事の大森由久氏、本書の校正にあたってくれた青木智子氏にも感謝する次第である。共同執筆者の篠崎茂雄氏にとっては、栃木県立博物館の学芸部長の要職にあり、忙しい仕事の傍ら執筆されたご苦労に敬意を表したい。また本書刊行の労を取ってくださった随想舎の卯木伸男氏にも感謝申し上げる。

野州の麻と民俗
人と麻に育まれた暮らしと文化

—目次—

Ⅱ　麻の利用

Ⅲ　野州麻の栽培生産

Ⅳ 野州麻栽培生産における特有な用具

Ⅴ 麻の栽培に伴う風習と信仰

Ⅵ 麻の将来性を期待する野州麻栽培の復活に於いて

コラム執筆者は、末尾に（K）は柏村、（S）は篠﨑によるものである。

I　野州麻栽培の歴史

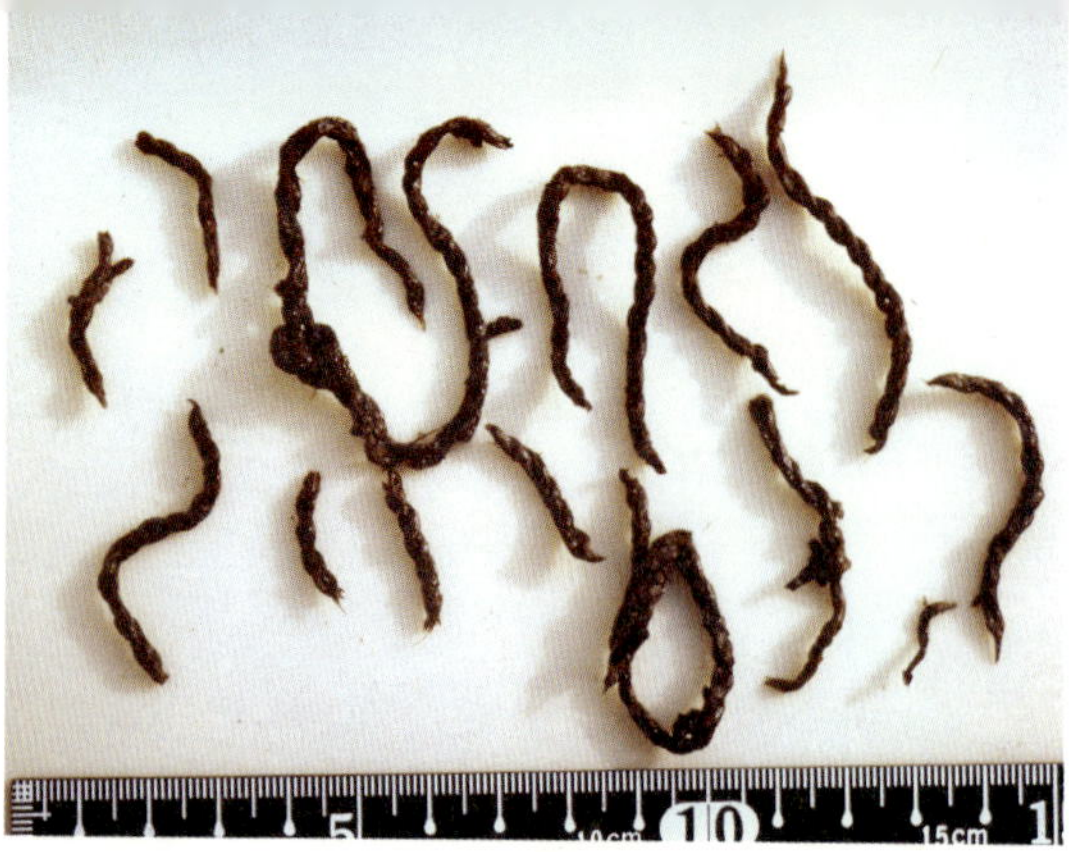
鳥浜貝塚出土品（下層出土縄残欠）縄文時代草創期（約一万年前）の層から発見されたもので、麻の繊維であるといわれる〈福井県立若狭歴史博物館蔵〉

1 野州麻以前のこと

日本における麻の利用の歴史は明らかではない。これまで麻は、一世紀頃に中央アジアから中国を経て日本に伝播したと考えられていたが、近年の考古学の成果によると、鳥浜貝塚（福井県）では縄文時代草創期（約一万年前〜一・五万年前）の層準から麻縄が、沖ノ島遺跡（千葉県）からは一万年ほど前の層から麻の果実四点が見つかっている。さらに時代が下って、縄文時代中期から晩期（おおよそ二四〇〇年〜五五〇〇年前）にかけての三内丸山遺跡（青森県）、是川中居遺跡（青森県）、余山遺跡（千葉県）、下宅部遺跡（東京都）などからは、麻の繊維や果実、果実の圧痕のある土器などが発見され、この頃までには東日本を中心とする日本の広い範囲に麻が分布していたことがわかってきた。これらの出土遺物や発見された状況、現在の民俗事例などによれば、麻の果実は食用や油に、茎から得られる繊維は衣類、漁網、釣糸、弓弦、袋、縄などに、茎の芯の部分は建築材として利用されていたことが考えられる。

弥生時代（紀元前一〇世紀〜三世紀頃）になると、登呂遺跡（静岡県）や吉野ヶ里遺跡（佐賀県）など西日本の遺跡からも麻布が見つかっている。分析にあたった京都工芸繊維大学の布目順郎は「弥生時代の布は苧麻布ではなく、ほとんどは大麻製で、苧麻や樹皮を用いたものはごくわずかにすぎない」と述べている。

古代における麻の有り様は『延喜式』(註1)や『風土記』(註2)が詳しい。大宝元年（七〇一）に大宝律令が整備されると、「麻」や「麻子《まし》」は税の一部となったが、一〇世紀に整備された『延喜式』巻二十四主計寮上によれば、下野国（現栃木県）からは「麻子」が民部省に納められた。麻子とは、麻の種子のことであるが、主に灯明の油として利用されていたのであろう。養老元年（七一七）になると税制の一部が改正され、中央官庁では、それまで中男（一七～二〇歳の男子）が納めていた調などに代わるものとして、各国の特産物、いわゆる中男作物の貢納を求めるようになったが、下野国の中男作物は「麻」や「麻子」であったことが記録されている。

また、養老五年（七二一）に成立した『常陸国風土記』には、

（前略）夫常陸国者　堺是廣大　地亦緬邈　土壌沃墳（中略）植桑種麻（後略）

とあり、常陸国（現茨城県の一部）では、広大かつ肥沃な土壌を背景として、麻を育てていたことがわかる。さらに七世紀後半から八世

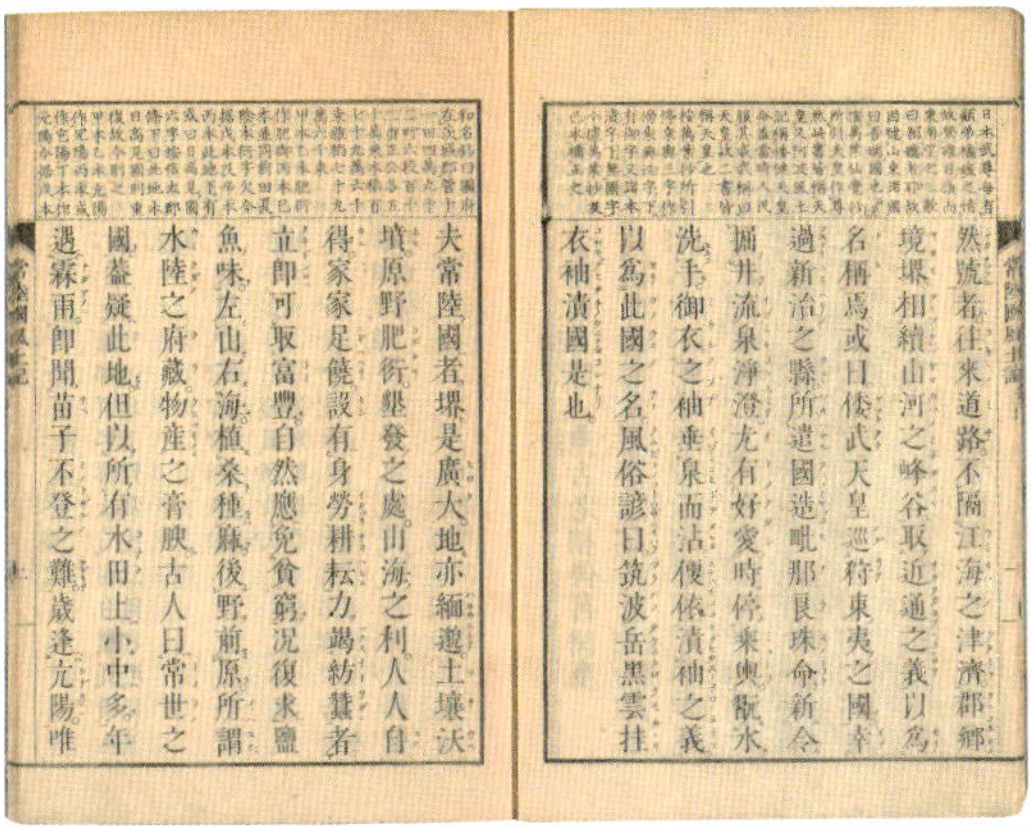
然號者往來道路不隔江海之津濟郡鄉
境堺相續山河之峰谷取近通之義以爲
名稱焉或曰倭武天皇巡狩東夷之國幸
過新治之縣所遣國造毗那良珠命新令
掘井流泉淨澄尤有好愛時停乘輿翫水
洗手御衣之袖垂泉而沾便依漬袖之義
以爲此國之名風俗諺曰筑波岳黑雲挂
衣袖漬國是也
夫常陸國者堺是廣大地亦緬邈土壤沃
墳原野肥衍墾發之處山海之利人人自
得家家足饒設有身勞耕耘力竭紡蠶者
立即可取富豐自然應免貧窮況復求鹽
魚味左山右海植桑種麻後野前原所謂
水陸之府藏物產之膏腴古人曰常世之
國蓋疑此地但以所有水田上小中多年
遇霖雨即聞苗子不登之難歲逢亢陽唯

『常陸国風土記』

註1　平安時代中期に編纂された法令集。当時の地名や特産物などがわかる。
註2　地方の歴史や文物を記したもの。奈良時代の地誌が記録されている。関東地方では『常陸国風土記』のみが現存する。

註3　奈良時代末期に成立した日本最古の和歌集。東歌などからは、当時の庶民の生活の様子を知ることができる。

麻の収穫の様子（鹿沼市加園）。今日も麻は抱きかかえるようにして抜いていく

紀にかけて成立した『万葉集』(註3)には、麻に関する歌が多数収録されているが、そのうち栃木県と関係が深いものとして巻一四の東歌がある。

可美都氣努　安蘇能麻素武良　可伎武太伎　奴礼杼安加奴乎　安杼加安我世牟（三四〇四）

（訓読）上毛野安蘇の真麻屯かき抱き寝れど飽かぬをあどか吾がせむ

（鹿持雅澄『万葉集古義』一八四四による）

（意味）安蘇の麻をかき抱くように寝るけれど、それでは心は満たされない。
私はどうしたらよいのだろうか。

上毛野は群馬県の旧国名であり、これについての解釈は諸説あるが「安蘇」の地名から現在の栃木県佐野市付近の様子を歌ったものと思われる。背丈ほどもある麻を抱きかかえるようにして収穫する様子を、恋人を抱く姿に重ね合わせている。

古代から中世にかけて書かれた文書には、「百姓麻」「麻畠」「在家苧」「山苧」「青苧」「白苧」「麻笥」「苧沓」などの文字が見え、『春日権現験記絵』（第九巻第二段）には糸を績む場面、『七十一番職人歌合』（五十八番・五十九番）には苧や白

註4　イラクサ科カラムシ属の多年草。野生のものは田の縁や道ばたなどに雑草として生え、地下茎を伸ばして群生する。1～2メートルの高さにまで成長し、丸みを帯びた葉をつける。麻と同様に茎の靭皮から繊維がとれる。宮古上布や小千谷縮など高級麻織物の原料として用いられている。

カラムシ（沖縄県宮古島市）

布を売る場面が描かれている。しかし、これらが麻を示すものなのか、麻とよく似た繊維が採れる青苧（カラムシのこと）を指すものかを判別することは難しい。しかし、近世から近代にかけての庶民の民俗事例を見ると、麻とカラムシ（註4）は使い分けていたようだ。

2　野州麻の生産のはじまり

栃木県で生産された麻を「野州麻」（鹿沼地方で作られた麻は「鹿沼麻」とも呼ばれる）という。一説によれば、弘治年間（一五五五～五七）に現在の鹿沼市引田で栽培されたものが始まりといわれ、当地には長安寺の健紹大和尚が本山のある信濃国（現長野県）から麻の種を持ってきたという伝承がみられる。また、鹿沼市岡には、ある農夫が伊勢神宮に参拝した折りに取り寄せた麻の種が周辺に広がったと伝えられている。しかし、いずれも史料による裏付けはない。

麻が商品として出荷されていく様子が確認できるのは、寛文年間（一六六一～七三）から元禄年間（一六八八～一七〇四）の時期である。鹿沼市の川田家文書によれば、下日向村（現鹿沼市下日向）の川田平左衛門などが江戸に麻を出荷していた。この平左衛門が出荷した麻は、「岡地麻」と呼ぶ銘柄をはじめ、網麻、

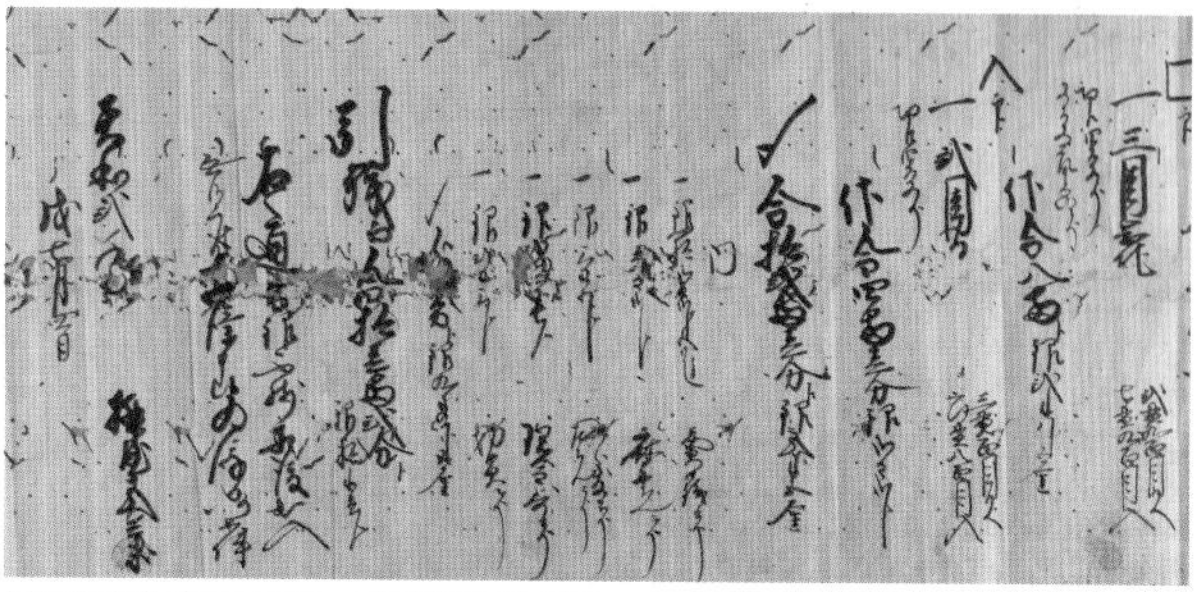

川田家文書（麻仕切状）。享和期頃（1801 ～ 1804）〈個人蔵〉

註5　出版されたものとしては日本最古の農書と言われる。全11巻からなり、麻をはじめ約一〇〇種類の農作物の栽培法などが記されている。

綱麻など用途による種別、さらに同じ岡地麻でも品質による等級が見られ、産地別区分による価格設定も行われていた。こうした品質・産地別による区分は、一六〇〇年代末の江戸市場において、野州麻の商品化が進んでいたことを示している。

江戸時代、麻は藍、紅花（もしくは木綿）とともに三草の一つにも数えられる重要な作物であった。江戸時代の百科事典とも称される『和漢三才図絵』の「大《あ》麻《さ》」の項目には、生産地や加工方法が紹介され、元禄十年（一六九七）に宮崎安貞が著した『農業全書』(註5)をはじめとする江戸時代に編纂された農書には、種の選び方、砕土、播種、施肥、収穫、加工など麻の生産方法や苧績みの方法などが記されている。さらに各地の博物館や資料館には、麻の生産用具とともに、麻から作られた衣類や縄、袋、蚊帳、漁網、畳糸など生活に関する資料が遺されている。

こうしたことから、麻は全国各地で栽培され、そこから得られた繊維は自家用に、あるいは商品作物として出荷されていたことは明らかである。なかでも栃木県の鹿沼や栃木など足尾山地の東南麓では、土壌や気候が麻の栽培に適していたことに加え、巴波川の水運などを通して大消費地である江戸に直結していたことから、他の生産地に比べると有利な立地条件にあった。

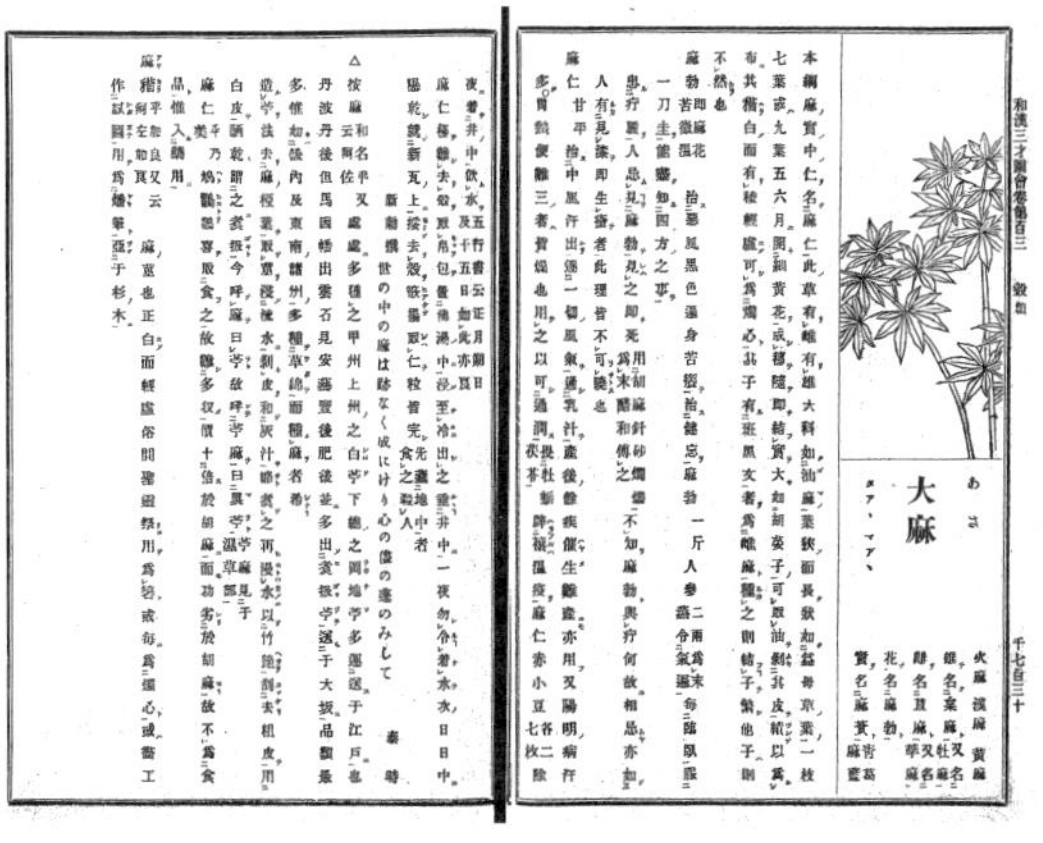

『和漢三才図会』

コラム——和漢三才図会

大坂の医師、寺島良安によって編纂された類書。いわゆる百科事典で一〇五巻八一冊からなる。一七一二年（正徳二）に成立した。「大麻《あさ》」は第一〇三巻の穀類の項目で紹介されている。それによれば、和名を乎《を》、又は阿佐《あさ》といい、生産地として甲州（現山梨県）、上州（現群馬県）、下総（現千葉県北部）、丹後（現京都府北部）、但馬（現兵庫県北部）、因幡（現鳥取県）、出雲（現島根県東部）、安芸（現広島県）、豊後（現大分県）、肥後（現熊本県）などをあげている。畿内（現近畿地方）や東南（現東海地方）の諸州では、ワタを作る人が多く、麻を作る人はほとんどいない。

加工方法として「枝葉を取り除き、茎だけの状態にしてから流水に浸して皮を剥ぎ、灰汁を混ぜて少し煮る。再び水につけてから竹篦を使って粗皮を刮り取り、残った白皮を晒して干す」とあり、製品は江戸や大坂に出荷された。野州麻を代表する銘柄であった「岡地麻」の記述も見られるが、下総の産とある。

その他、麻殻や麻の実についても紹介している。（S）

註6　稲藁に皮麻（ニハギ）からとった麻糸を緯糸として打ち込んだもの。養蚕の蚕座などに用いられた。

3 野州麻の発展期（江戸時代から明治時代初期）

野州麻は商品作物として生産され、主に縄や綱、畳糸、下駄の鼻緒の芯縄、酒や醤油の搾り袋などに加工された。江戸時代になって江戸や大坂などの都市が発達すると、縄や綱などの建築資材の需要が高まり、生活に欠かすことができない紐や畳糸、下駄の鼻緒の芯縄などの消費が増大した。また醸造業の急速な発展は大量の麻袋を必要とした。一八世紀の初期には、江戸の商人が鹿沼で麻を集荷するようになり、江戸の問屋が鹿沼宿や栃木町の麻商人を資金的に支配し、鹿沼の麻の集荷を統制・独占していった。

鹿沼周辺では、少なくとも享保年間（一七一六～三六）までには、農間渡世として野州麻から麻糸や畳糸が作られ、文化年間（一八〇四～一八）には撚糸の家内工業が発生した。また、栃木周辺の栃木宿では下駄の鼻緒の芯縄、川原田村や家中村では麻綱、皆川村では丈間織（註6）が生産されるようになった。

そして、現在の茨城県や千葉県などの海岸地域でイワシ漁が盛んになると、野州麻は漁網の原料として注目されるようになる。生産農家が直接に現地に出向いて麻を売り歩く例も見られ、安永二年（一七七三）には、現在の鹿沼市板荷の福田弥右衛門などが九十九里浜一帯の網元に麻を販売している。さらに、天保年間

（一八三一～四五）になると、網元に麻を売った帰りに干鰯[註7]を仕入れ、村に戻ってそれらを麻の生産農家に売る「ノコギリ商い」を行う者も出現した。その後、干鰯は麻の生育にとって欠かせない肥料となり、鹿沼や栃木では麻問屋が肥料問屋を兼ねることも珍しくなかった。

こうした野州麻の隆盛について河野守弘は、『下野国誌』[註8]のなかで「都賀郡鹿沼駅の辺り、大芦、小来川、または壬生、栃木の辺りより出るまで、鹿沼麻として交易す」と紹介している。また、下野の篤農家としても知られる田村仁左衛門は、『農業自得』[註9]に「野州粟野ハ関東一の麻地なり」と記している。

明治時代になると、野州麻は従来の用途に加えて、製綱産業や紡績産業との結びつきも深めていく。形原（現愛知県蒲郡市形原町）では、江戸時代の後期頃から野州麻や信州麻（長野県産の麻）を用いた凧糸、大福帳の綴じ紐、島田糸などいわゆるホソモノ（細物）作りが行われていたが、明治時代になって捕縛用の縄（宝蔵寺縄）などフトモノ（太物）が生産されるようになると、大量の麻が必要となった。さらに明治七年（一八七四）に形原在住の漁師の長男・小島喜八によって「後去歯車式撚糸機」が考案されると、今まで手作業で行われていた糸撚りが機械化され、野州麻の需要がいよいよ高まった。その後、撚糸機は改良を重ね、形原は繊維ロープ産業が盛んな町として隆盛を極めていく。

註7　イワシを乾燥させて製造した肥料。江戸周辺では一八世紀になると特に需要が高まった。

註8　大道泉村（現真岡市大道泉）出身の国学者、河野守弘が編纂した地誌書。下野各地を巡り、二〇余年の歳月を費やして嘉永元年（一八四八）に完成させた。全12巻からなる。

註9　下蒲生村（現上三川町下蒲生）の田村仁左衛門吉茂が自らの農業の体験を後世に伝えるために記した書。天保12年（一八四一）刊行。北関東の農業技術や農業経営に詳しい。

一方、滋賀県では明治十七年（一八八四）に近江麻糸紡織会社、北海道では明治十九年（一八八六）に北海道製麻会社が創立した。これらの工場は国の殖産工業政策の一翼を担うもので、なかでも北海道では明治七年（一八七四）から始まった屯田兵制度とも結びつき、麻糸の原料となる麻の栽培が奨励された。この時期、粟野村（現鹿沼市粟野）の篤農家・中枝武雄は北海道庁や北海道屯田兵第一大隊に働きかけて、麻の種やアサキリボウチョウ（麻切り包丁・麻切刀）、テッポウオケ（鉄砲桶・麻ムシ風呂）、ヒキゴ（麻製造具）など生産用具を北海道に送っている。また、実弟を帯広の大麻試験地に派遣して技術指導にあたらせた。当時の様子は、屯田兵として旭川村（現北海道旭川市）に入植した広沢徳次郎が描いた『屯田物語原画綴』や中枝家が所蔵する「麻種の送り状」や「麻種注文書」などに見ることができる。

そうしたなか、野州麻の本場である栃木県でも紡績工場設立の機運が高まった。日光奈良部村（現鹿沼市日光奈良部町）の名主で実業家の鈴木要三は、明治二十年（一八八七）に野州麻のさらなる利用の拡大を目指して横尾勝右衛門、石塚信義らと共同して、また安田財閥の創始者である安田善次郎の助力を受けて、下野麻紡績会社（後の下野製麻で、現在の帝国繊維株式会社）を設立した。鹿沼に作られた同社工場は、明治二十六年（一八九三）には男工二三人、女工三三人を擁し、野州麻から船舶用ロープや帆布、軍用テント、蚊帳の糸などが生産された。

北海道、栃木、滋賀に作られた三つの紡績工場には最先端の設備が導入され、一方、野州麻の生産地では生産性を高めることで、工場の需要に応えていく。さらに、東京府（現東京都）や神奈川県などでも麻関連の産業が勃興し、野州麻の販路は拡大していく。その様子を明治十六年（一八八三）に出された「栃木県農業概況」では次のように述べている。

麻　産額　百七十万五千六百四十六斤

管下ノ麻苧タル固ヨリ著明ノ物産タリ。殊ニ第一内国勧業博覧会ニ於テ高評ヲ得シヨリ頓ニ其声価ヲ発出シ随テ販売ノ路開張シ、其種子ノ若キハ年々北海道地方其他各府県下ニ輸出スル極メテ多ク、往々其需求ニ応ズル能ハザルコトアリ。即チ製麻ノ産額逐年増加ノ勢ナリ。

野州麻は、明治十年（一八七七）に東京で開催された第一回内国勧業博覧会において高い評価を得た。さらに翌明治十一年（一九七八）には、南摩村（現鹿沼市上南摩町）の大貫信一郎が出品した麻が、パリの万国博覧会において優秀な成績をおさめると、野州麻の名声はますます高まった。

パリ万国博覧会での表彰状〈大貫哲良氏蔵〉

この時期、野州麻の生産地では新たな農具が開発された。特筆すべきは、明治十五年（一八八二）に中枝武雄が発明した麻の種まき機械である。これは、箱の中に種を入れて柄を引くと、畝と溝が作られるとともに種が一粒ずつ等間隔に落ちる仕組みのもので、従来の手播き一五人から二〇人分にも匹敵する優れものであった。その後、鮎田治作や泉田栄太郎によって改良された播種器が野州麻の生産地に広く普及したことで、麻の大量生産が可能となった。中枝はまた麻の生産用具や作業風景を「大麻栽培用具並びに作業絵図」にまとめ、野州麻の生産方法を広く人々に啓蒙している。一方、栃木県立農事試験場（現栃木県農業総合研究センター）では麻の品種の改良や技術開発に取り組み、その成果を地域に還元した。こうした官と民とが一体となった活動は、野州麻の品質の向上につながっていく。

4 野州麻の衰退期

ところが、明治時代後期になると、麻を取り巻く状況は大きく変化する。明治四十一年（一九〇八）の「栃木県農業概況」には、次のように書かれている。

大麻栽培用具並びに作業絵図（部分）
中枝武雄は麻の生産用具や作業風景を絵に描くことで、麻作りの方法を広く人々に啓蒙した〈中枝明美氏蔵〉

大麻

（前略）斯クノ如クシテ本県大麻ハ品質並生産高ニ於テ、内外ニ名声ヲ博シタリシガ近年不稍不振ノ傾向アリ。是レ一面ニハ労銀及肥料価格ノ騰貴等ニ因ツテ生産費ヲ多大ナラシムルモノアルニモ拘ラズ、一面ニハ其価格比較的低廉ナル外国産製麻ノ輸入漸次多キヲ加ヘタルト共ニ、漁業者其ノ他ノ需用者ヲシテ麻糸ノ原料ニ代フルニ、綿糸又ハ外国産製麻ヲ使用スルノ傾向ヲ生ゼシメタルトハ蓋シ其ノ主因ナルベシ。事情此ノ如クナルニモ拘ラズ、本県ノ大麻作ハ他府県ニ比シ、之ガ打撃ヲ被ムルコト最モ軽微ナルモノノ如ク、現ニ製網用及鼻緒ノ芯縄等ニ需用セラルルモノ莫大ナルヲ以テ見ルモ、其ノ品質ノ特ニ優良ナルヲ知ルニ足ルベシ。

都道府県別麻の作付面積と産出額（明治44年）

	県名	作付反数(町)	価格(円)
1	栃木県	2,161.3	433,310
2	長野県	987.6	108,664
3	広島県	976.4	471,649
4	岩手県	973.6	98,699
5	宮崎県	934.2	219,427
6	島根県	656.4	163,471
7	熊本県	612.6	192,559
8	新潟県	541.8	67,484
9	鹿児島県	409.4	177,251
10	福井県	341.7	35,787
	全国	11685.0	2,552,158

　明治時代の半ばになると、群馬県（上州麻・岩島麻）、長野県（山中麻・信州麻）、広島県（安芸麻）、熊本県（肥後麻）など国内の麻の生産地の多くが人件費や肥料価格の高騰によって苦境に立たされた。それらに加え、中国産の麻（シナ麻や南京麻）やマニラ麻など安価な外国産麻との競争にさらされた。なかでもマニラ麻は価格面での優位性に加え、強靭で腐敗に強いことから漁場でも歓迎され、大正時代になると漁網の多くは麻ではなく、マニラ麻から作られるようになった。また、北海道や滋賀県の紡績工場では、原料として亜麻（リネン）や苧麻（ラミー）、黄麻（ジュート）が使用されるようになる。これは、麻の繊維が短くて粗硬なことから、機械紡績には向かなかったからである。それは、野州麻の需要の拡大を目指して作られた下野麻紡績会社においても例外ではなかった。野州麻の生産地では、肥料の配合など生産方法を工夫することで機械紡績に適した精麻の開発に努めたが、質量ともに工場の要求を満たす水準には至らず、明治三十三年（一九〇〇）頃までには、同工場で生産される麻製品の多くが、野州麻からではなく、苧麻や亜麻から作られるようになった。

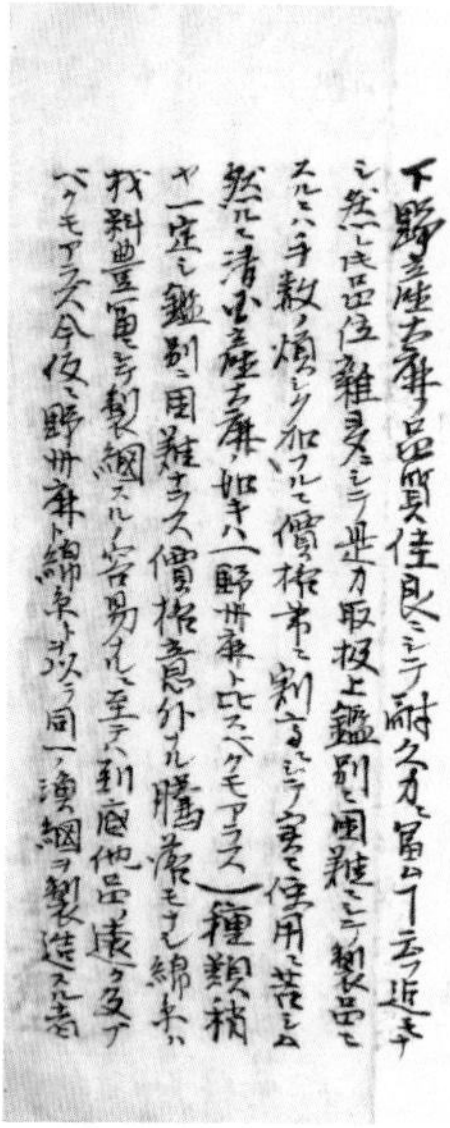

復命書（部分）明治42年
鹿沼の問屋が愛知県と三重県に視察に出かけた時の報告書。当時産地では野州麻の販路拡大に取り組んでいた〈栃木県立博物館蔵〉

　こうした動きを受けて、栃木県では昭和八年（一九三三）に麻検査規則を制定し、それまで産地によって異なっていた名称や等級、結束方法などを統一するなど、品質の向上と均質化に努めた。そして、各地でプレゼンテーションを行い「野州麻は強靱さに欠ける」というイメージの払拭に奔走した。その甲斐あって、国内の他の生産地との産地間競争に勝ち抜き、原料供給地を失った三重県、滋賀県、奈良県などの販路の獲得に成功した。

昭和時代初期頃の野州麻の用途を見ると、下駄の鼻緒の芯縄が七〇%と大きな部分を占め、他に製綱原料一〇%、軍需用原料一〇%、漁網原料五%などが続く。その他、割合は少ないものの織物、弓弦、雑具などの用途も見られ、出荷先は、東京都、神奈川県、千葉県、茨城県、宮城県、静岡県、富山県、石川県、福井県、愛知県、三重県、滋賀県、奈良県、大阪府など東日本および関西一円に及んだ。他に畳表の原料として、皮麻が兵庫県、岡山県、広島県などに出荷された。

5 軍需産業との結びつき

栃木県は、他の生産地に比べると外国産麻の影響は軽微であったといわれているが、それでも綱や漁網など大口の需要を失ったことから強い危機感を持っていた。そうしたなか、野州麻は、軍服、ロープ、帆布、馬具、砲車用具、弾薬袋など軍用物資に活路を見出した。明治四十四年（一九一一）に栃木商工会議所の会頭から栃木県知事に宛てた「大麻製造ニ付意見（二）」には、次の記載が見られる。

本県特産麻苧ノ需要ハ支那麻又ハ綿糸ノ代用品ニ圧倒セラレ、年ヲ逐フニ従ヒ愈々衰退ニ傾キ、到底恢復ノ望ナキ境遇ニ陥リタリト雖トモ、幸ヒ一昨年来陸海軍ノ買上予想以外ノ巨額ニ上リ、為ニ市場頗ル繁盛ヲ極ム、（以下略）

都道府県別麻の作付け面積と収穫高（昭和10年）

	県名	作付反数（町）	収穫高（貫）	価格（円）	主な用途
1	栃木県	2,883.7	1,079,191	2,068,294	軍用麻製品。下駄鼻緒の芯縄、畳経糸、漁網、釣糸、鋼索、織物
2	長野県	669.9	150,814	228,987	畳経糸、織物、蚊帳、鋼索
3	広島県	486.4	191,382	256,782	畳経糸、漁網、鋼索、麻糸、織物、蚊帳
4	岩手県	319.0	50,705	63,240	鋼索、馬具、漁網、織物、下駄鼻緒の芯縄
5	宮崎県	206.8	39,775	41,877	漁網、鋼索、馬具
6	新潟県	195.6	28,303	86,961	
7	熊本県	178.5	64,899	67,637	漁網、爐経糸
8	青森県	166.7	35,411	40,220	
9	島根県	145.0	42,412	49,296	漁網、鋼索、織物、畳経糸
10	群馬県	114.9	41,309	47,403	織物、鋼索、漁網
11	福井県	100.4	35,378	36,323	織物、漁網
	全　国	6,019.3	1,884,542	3,153,801	

長期的にみれば、明治時代後期から昭和時代初期にかけて、野州麻の生産量は減少傾向にあったが、日清戦争（一八九四～九五）、日露戦争（一九〇四～〇五）、第一次世界大戦（一九一四～一八）など戦時になると特需が見られた。なかでも鹿沼は原料供給地としての有利性から、また下野麻紡績会社とその後継である帝国繊維株式会社の存在が立地条件となり、大正二年（一九一三）には日本麻糸株式会社、大正六年（一九一七）には日本ロップベルト製造株式会社、大正十二年（一九二三）には鹿沼麻糸工場が進出するなど麻関連工場が集積していく。これらの工場では外国産の麻とあわせて、国内自給率が高く、安定供給が可能な国産の麻の使用が奨励されたが、なかでも野州麻は、海軍では柔らかくて、狭い艦内でも取り扱いが容易なこと、陸軍では重量が軽い割には強度があることなどが評価されていた。この時期、鹿沼有数の麻問屋である長谷川唯一郎や福田代造は、東京製綱株式会社などの軍需工場に麻を販売し、野州麻の需要拡大に貢献している。

そして、日中戦争が長期化し、中国産の麻やマニラ麻の輸入に規制がかかると、再び野州麻を始めとする国産の麻に注目が集まった。さらに太平洋戦争（一九四一～四五）が勃発し、制海権が奪われると日本は深刻な麻不足に陥った。そこで、国では昭和十九年（一九四四）に「農地作付統制規則」（昭和十六年十月十六日農林省令第八六号）を改正し、麻は、苧麻、亜麻、黄麻などとともに「国内繊維資源の確保および国民生活の安定確保の見地より」欠かすことができない作物として位置づけた。そして、麻については、同年秋冬作より合計一万八一二三町歩（約一万八一二三ヘクタール）の作付を全国に求めたが、栃木県に対しては五五一三町歩（約五五一三ヘクタール）と最も多くの面積が割り当てられた。

6 現代（戦後）

戦後、日本は連合国軍最高司令官総司令部（ＧＨＱ）の占領下に入り、昭和二十年（一九四五）には、「「ポツダム」宣言ノ受諾ニ伴ヒ発スル命令ニ関スル件」（昭和二十年九月二十日勅令第五四二号）が公布・施行された。日本では、この勅令に基づき、同年十一月には「麻薬原料植物ノ栽培、麻薬ノ製造、輸入及輸出等禁止ニ関スル件」（昭和二十年厚生省令第四六号）、さらに翌年六月には「麻薬取締規則」（昭和二十一年厚生省令第二五号）を施行し、厚生大臣の免許を受けた者を除き、麻を含む麻薬の調剤、小分、販売、授与、使用などが禁止された。

しかし、深刻な麻不足に陥ったことからＧＨＱと折衝を重ね、昭和二十二年

（一九四七）に「大麻取締規則」（昭和二十二年農林・厚生省令第一号）を制定し、厚生大臣と農林大臣が定めた栽培区画、栽培面積において、かつ繊維および種子の採取、研究を目的とする場合に限り、麻の栽培を認めることにした。このなかで、栽培の実績のある栃木県には、全国で最も多い二四〇〇町歩（約二四〇〇ヘクタール）が割り当てられた。

翌年には、現行の「大麻取締法」（昭和二十三年七月十日法律第一二四号）が制定され、その取り扱いを大麻栽培者と大麻研究者に限定し、厚生大臣が与えた免許を有する者以外の者の大麻の輸入、輸出、所持、栽培、譲受、譲渡、使用等並びに大麻から製造された医薬品の施用、施用のための交付等を禁止した。そして、違反者に対しては罰則を設けた。

この法律によって、麻の栽培は免許制となった。栽培の許可を得るためには、登録手数料として、栽培者については六〇円、研究者は五〇円を国庫に納めるとともに、年に四回、栽培地の位置、面積、採取した繊維や種子の数量などについて厚生大臣への報告が義務付けられた。これが一つのきっかけとなり、またその将来性から麻の栽培を取りやめる生産農家が相次いだ。

しかし、栃木県では、昭和二十年代半ばから三十年代半ばにおいても、栽培面積は二〇〇〇ヘクタール前後、生産量は一〇〇〇トン前後を維持し、昭和二十年代半ばから後半に限ると、増加傾向にさえあった。これは、戦後復興が急速に進められ麻の需要が増大する一方で、戦後しばらくは外国産の苧麻やマニラ麻の供給が安定していなかったこと、紡績工場の多くが被災したことで手績みによる生産に回帰したからである。

野州麻の生産に転機が訪れるのは昭和三十年代の後半以降である。苧麻、亜麻、マニラ麻など外国産麻の輸入が本格的に再開され、被災した工場が復活したことで、栽培面積は昭和三十六年（一九六一）の一八八〇ヘクタール、生産量は昭和三十五年（一九六〇）の一六七〇トンを境に、右肩下がりに減少していく。さらにナイロンやポリエステルなど合成繊維が普及し、需要の大半を占めていた下駄の鼻緒の芯縄がこれらの繊維で代用されるようになると、野州麻の用途は以前にも増して失われた。

こうしたなか、昭和四十年代に入ると、麻挽き機械が普及したことで生産効率は大いに改善した。また昭和五十九年（一九八四）には無毒大麻「とちぎしろ」が開発されたことで、夜間の見回りの必要がなくなるなど生産者の負担が軽減した。しかし、高齢化と後継者不足によって昭和三十四年（一九五九）に七六八〇人ほどいた生産農家は、令和五年（二〇二三）には一〇人程度にまで激減している。

作付面積と収穫量の推移

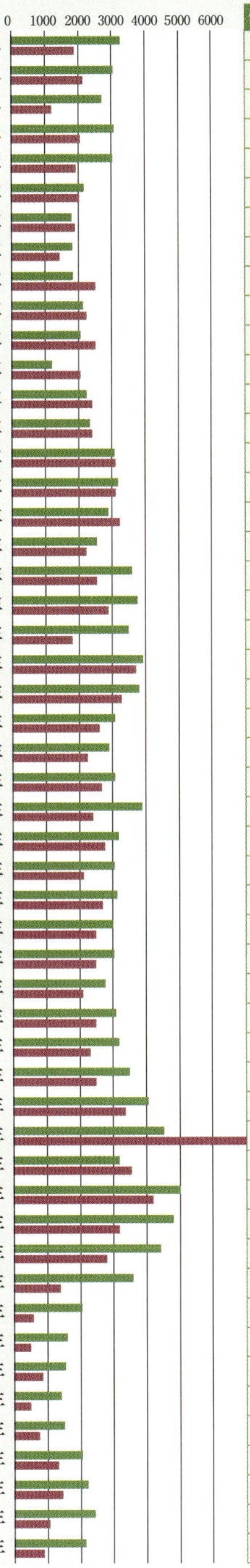

年	作付面積(ha)	収穫量(t)
明治36年	3286	1990
37年	3038	2187
38年	2784	1395
39年	3061	2030
40年	3030	1976
41年	3111	2005
42年	2728	1937
43年	2799	1683
44年	2828	2664
大正元年	3136	2353
2年	3039	2560
3年	2377	2078
4年	3312	2453
5年	3499	2450
6年	4009	3171
7年	4038	3142
8年	3940	3268
9年	3677	2236
10年	3605	2634
11年	3794	2993
12年	3511	1846
13年	3989	3725
14年	3961	3354
15年	3196	2754
昭和2年	2940	2393
3年	3062	2708
4年	3914	2438
5年	3243	2877
6年	3096	2102
7年	3123	2743
8年	3009	2570
9年	3037	2504
10年	2860	2172
11年	3117	2589
12年	3223	2349
13年	3647	2573
14年	4124	3364
15年	4658	6367
16年	5347	3529
17年	5028	4197
18年	4818	3249
19年	4421	2815
20年	3658	1425
21年	2023	780
22年	1685	724
23年	1649	977
24年	1424	768
25年	1563	855
26年	2013	1376
27年	2231	1523
28年	2479	1031
29年	2033	923

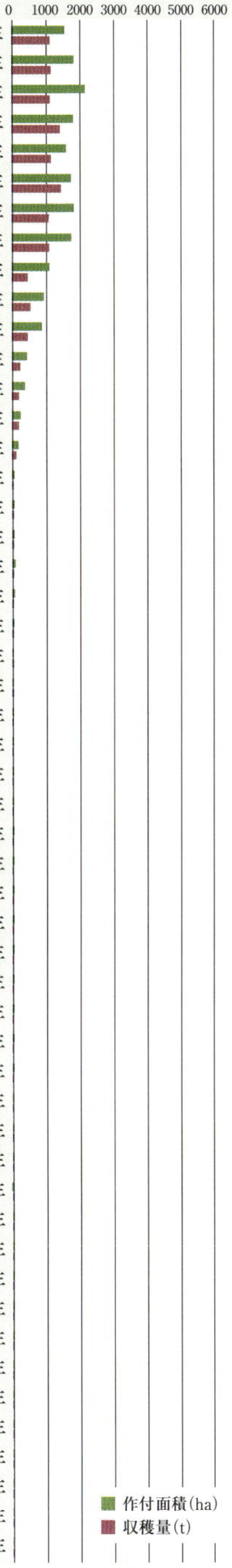

年	作付面積(ha)	収穫量(t)
昭和30年	1706	1159
31年	1864	1246
32年	2152	1182
33年	1845	1410
34年	1616	1170
35年	1740	1670
36年	1880	1005
37年	1770	1105
38年	1080	420
39年	990	690
40年	923	588
41年	581	375
42年	562	332
43年	485	291
44年	327	193
45年	160	82
46年	159	73
47年	176	90
48年	216	101
49年	189	81
50年	114	64
51年	73	40
52年	59	36
53年	57	34
54年	52	27
55年	58	36
56年	58	36
57年	59	24
58年	50	28
59年	40	24
60年	27	14
61年	27	14
62年	30	17
63年	37	17
平成 元年	35	16
2年	34	18
3年	36	18
4年	31	12
5年	32	13
6年	21	11
7年	13	4
8年	13	7
9年	11	4
10年	11	4
11年	10	4
12年	10	6
13年	10	1
14年	9	4
15年	8	3
16年	8	3
17年	8	3
18年	6	2

栃木農林統計 調べ

今日、麻は北海道、岩手県、群馬県、岐阜県、三重県などでも生産されている。しかし、栃木県以外の地域では特定の祭礼や商品への利用を目的とし、国内に流通するものは少ない。そうしたなか、野州麻の精麻は主に神事用として全国各地の神社に奉納され、鈴緒、幣束、注連縄として使用されている。また高級下駄の鼻緒の芯縄、近江上布や奈良晒などの麻織物、祭礼用の凧糸、山車の引き綱、大相撲の横綱、太鼓など伝統楽器の調緒、弓弦などの原料となっている。また、皮麻は畳糸や重要無形文化財の久留米絣の縛り糸、苧殻は建築材、歌舞伎など伝統芸能の小物、盆などの神仏具として利用されている。さらに苧殻を蒸し焼きにすることで作られた炭（麻炭）は花火の助燃剤に、繊維を取り出す際に出た滓（苧滓、オクソ）は紙の原料となっている。その多くは、日本の伝統工芸、伝統芸能を守る上で欠かすことができないものである。

Ⅱ ― 麻の利用

年頭の弓引き神事で弓を射る幼児。弓矢は氏子たちの手作りであり弓弦もお手製であった
鹿沼市樅山生子神社（鹿沼市樅山）

1　暮らしの中の麻

①麻の繊維の利用

二〇世紀の半ば化学繊維が普及する以前、強靭な繊維といえば麻が幅広く用いられた。麻は強靭であるとともに良質な繊維であり、かつ大量生産しやすいといった麻の持つ特質からである。野州麻が商品作物として栽培生産されるのは、江戸時代になってからである。

野州麻は信州麻（長野県産）、芸州麻（広島県産）といった国内の麻に対しては優位を保ったが、明治中期より中国産の麻（南京麻・満州麻）に価格面で劣勢に立たされ、大正期になるとフィリピン産の麻（マニラ麻）によって大きな打撃を受ける。ともあれ、明治期以降の最盛期においては、野州麻は下駄の鼻緒の芯縄、綱・ロープ、漁網をはじめ蚊帳や衣類等に幅広く用いられた。また、日清・日露戦争、第二次世界大戦時においては、船舶用の綱や大砲の綱等軍関係の製品にも多く用いられた。第二次世界大戦後はナイロン等の化学繊維の出現により決定的な打撃を受け、綱やロープ、漁網、織物等への野州麻の需要はほとんど無くなった。

近年は、麻の持つ呪術性から縁起物やお札を始め神具等への利用が多い。また、下駄の鼻緒の芯縄、弓弦、古典楽器の弦、凧糸、さらには相撲の横綱にも利用されている。

このように野州麻の栽培生産地域では、麻はあくまでも商品作物として栽培生産された。農家にとっての貴重な現金収入を得るためである。

しかし、自給のための利用も無いわけではなかった。鹿沼市口粟野あたりでは、明治時代頃まで麻糸を紡ぎ帷子《かたびら》（註1）や女性のジバン（襦袢）を作ったという。また、蒸籠《せいろ》（蒸し器）の中敷きとして用いるカケンや夏の夜の蚊除けとしての蚊帳を作ったという話は麻栽培地で広く聞かれた。この他、農作業などで用いる荷縄や馬の手綱等は自らが綯《な》い（註2）使ったものである。

変わったところでは出産が自宅で行われていた頃のことであるが、赤子の臍の緒を縛る糸や、出産時に産婦が頭に血がのぼらないようにと髪の毛を麻で縛ったり、また、産室の天井から吊るした「産の綱」につかまってお産をした等の利用もあった。

ともあれ麻は暮らしの中でさまざまなものに使われ重宝がられ、麻栽培農家（以下「麻農家」という）のみならず、麻を自家消費のために保管しておく家が多かったのも事実である。こうしたことから麻農家では、新麻ができると麻を栽培しない親戚縁者へ贈答用に麻を贈ったものである。

下駄に鼻緒をすげる。左下に芯縄が見える（栃木市旭町）

註1　この場合の帷子（かたびら）とは、麻で作った裏をつけない単衣（ひとえ）の着物をいう。

註2　糸やひも等などを一本によりあわせること。

◆下駄の鼻緒の芯縄の利用

靴が主要な履物として用いられるようになるのは、第二次世界大戦後である。それまで履物と言えば、草履や草鞋、下駄であった。中でも都市部では、下駄が主要な履物として用いられた。芯縄とはその下駄の鼻緒の芯に用いられたものである。

野州麻の芯縄の利用は、江戸時代後期からである。それ以降、長い間野州麻の利用として最も重要な部分を占めた。特に中部地方や関西地方では野州麻と言えば下駄の鼻緒の芯縄の材料としての印象が強い。江戸後期、芯縄用の麻は栃木の麻問屋に集められ、巴波川《うずま》を船で下り江戸に運ばれた。江戸で加工された芯縄は、さらに大坂(註3)や奈良に運ばれ鼻緒になった。このために栃木の麻問屋の多くは水運に便利な巴波川沿いにあった。

明治時代の中期になると、芯縄を作る芯縄綯《な》いが栃木市周辺でも広く行われるようになり、麻問屋と仲買人、芯縄加工業者とのつながりが深くなる。鹿沼市の麻問屋が肥料商を兼ね太平洋沿岸地域との結びつきを強めていくのとは対照的に、栃木市の麻問屋や仲買人は栃木市周辺の芯縄加工業者と結びつき、東京、大阪、愛知（名古屋）との結びつきを強めていった。ちなみに大正十一年（一九二二）当時、栃木市に集められた野州麻のほとんどは、芯縄用として出荷された。

註3　大阪を江戸時代は大坂と書いた。

鈴に取り付けた麻縄（宇都宮市鶴田羽黒山神社）

◆綱・ロープへの利用

野州麻を利用した綱作りは、当初、愛知県蒲郡市形原で行われた。江戸時代には、凧糸や岩糸（水産で使用するロープの一種）、島田糸（形が島田髷に似ている）等の細物《ほそもの》と呼ばれる綱作りが家内工業として行われていたが、明治時代になると、警察で使用する捕縛用の縄が開発され、同時に綱作りの機械化がはかられ、綱作りが産業として発展した。さらに明治時代後期になると漁業用のブリ網やロープ等太物《ふともの》も作られるようになり、野州麻の需要も増大したのである。

その後、形原の製綱業者は、材料の産地である栃木県にも製綱業を興せないかと考え、鹿沼市や栃木市で綱作りの指導に乗り出した。その結果、鹿沼市で消防用のホース、栃木市では電柱作業用の命綱等を作る製綱産業が興り、形原とならぶ製綱産業が盛んな土地となったのである。その一方、栃木市の農家の中には、農閑期に自宅で綱作りを行う者も現れ、川原田では荷車や荷馬車の太くて短い綱を、野中では荷造り用の長い綱（細引き）を作ったものである。

栃木市や鹿沼市における綱作りは、明治から昭和初期にかけて隆盛を極め、特に日清・日露戦争時や第一次世界大戦中は軍事用の需要も加わり大いに発展した。しかし大正期に入るとマニラ麻の需要が高まり野州麻の需要は低下し、さらに第二次世界大戦後ナイロン等の化学繊維の普及により野州麻の需要は激減し

屋台の引き綱を引く若衆たち（鹿沼市）

た。わずかに引きつがれたのが神社の鈴緒、鰐口の綱、太鼓や鼓の皮をしばる紐、山車や屋台の引綱等への利用である。栃木市にはこのような特殊な麻綱等の需要を満たす業者が近年まで存在した。

◆漁網・釣糸の利用

鹿沼で生産された麻が、江戸時代、九十九里浜のイワシ漁のための地引網の材料として利用されたことはすでに述べた。漁網や釣糸は、麻を加工した糸で作られた。麻が漁網や釣糸に用いられたのは、他の繊維に比べて強度が大きく、湿り気を帯びると強度が一層増すという麻特有の特徴からである。特にブリやカツオ、スズキといった大型の魚を捕える網の場合は、より強度のある麻が用いられた。なお、江戸期、漁網に使用する麻糸は手で撚られたものであるが、明治期になると機械で撚った麻糸で網が作られるようになった。その開発者は、網やロープを手掛けていた愛知県蒲郡市形原の人たちであった。麻糸作りの機械化に成功した形原の業者は、明治三十五年（一九〇二）頃より本格的に野州麻を使ってブリ網の製造を始めるようになったのである。ブリ網は、一網二〇〇〇貫（七五〇〇キロ）といわれ、大量の麻糸を必要とした。そのために野州麻の需要は一気に高まった。

地引網漁絵馬〈館山市立博物館蔵〉

このように形原で製造された漁網が普及する一方、明治期になってもしばらくの間、昔からのつながりで鹿沼の麻問屋から購入した麻で漁網を作っていた地域がある。鹿沼のある麻問屋では、明治年間、八戸（青森県）、石巻（宮城県）、那珂湊・大洗・阿字ヶ浦・鹿嶋（茨城県）、銚子・飯岡・館山・木更津（千葉県）、焼津（静岡県）等の網元や漁網会社と取引をしていた。特に茨城県から千葉県にかけての太平洋沿岸地域をハマカタ（浜方）と呼び、つながりが強かった。どの浜にもお得意の網元が一軒はあり、各浜からは一年に二回ぐらい網元が鹿沼まで麻を買いに来たもので、新しい麻（新麻《しんそ》）ができると必ずやって来た。一方、鹿沼からも番頭が見本の麻を持参して浜へ出かけ、商談をまとめることもあった。これをハママワリ（浜廻り）といい、商談が成立した麻は後日貨車で送った。

また、仲買人の中には、農家での買い付けの合間を見て行商に出かける者もいた。鹿沼のある仲買人は、買い付けの仕事が暇になる五・六月頃になると静岡県の御前崎方面にカツオ釣り漁の上質の麻五貫（一八・七五キロ）から六貫（二二・五キロ）をリュックサックに入れて背負い売り歩いた。帰りには塩を買ってきたという。早朝、列車で出かけ、その日のうちに帰って来たという。しかし、綱やロープ同様にマニラ麻やその後の化学繊維の出現により、ここで述べる野州麻の利用は無くなった。

新潟市南区で開催される凧揚げ合戦の風景
©白根大凧合戦

◆凧糸の利用

凧といっても子どもがあげる小型の凧から大人たちがあげる何十畳もの大型の凧がある。大型の凧あげでは、静岡県浜松市や新潟県新潟市の白根地区が知られる。白根の大凧あげは、凧合戦の名があるように二つの町が大凧をあげ、糸を絡ませ引き合うものである。一方、浜松の大凧あげは、五月の節句に長男の誕生を祝って大凧をあげ、その際凧合戦も行われるものである。ともに江戸時代から続くもので、強靭な糸を必要とするところから原料には野州麻や信州麻（長野県産）が使われてきた。原料の麻は浜松の商店が仕入れ、それを愛知県蒲郡市形原の業者が撚ったものである。江戸時代は手撚りで、明治になると機械撚りとなった。形原での凧糸作りは、この地の製綱業の発展を促すとともに、野州麻にとっても需要拡大の契機となった。その後、製綱業の原料はマニラ麻や化学繊維へと変わったが、凧糸作りには相変わらず野州麻が使用されている。野州麻の持つ強さと、硬すぎず柔らか過ぎずの感触が他の原料では表現できないことがその理由と言われる。なお、浜松の凧糸は鹿沼市で、白根の凧糸は粟野地区で、それぞれ生産された麻を原料として使用している。

註4　苧麻は、イラクサ科の多年生植物。現在自生している苧麻は、有史以前から繊維用に栽培されてきたものが野生化したものと言われる。古くから植物繊維をとるために栽培されたため、文献上の別名が多く苧麻（ちょま）の他に紵（お・からむし）、青苧（あおそ）、山紵（やまお）等とも呼ばれる。

註5　越後上布（じょうふ）は、新潟県魚沼地方で生産される。細い苧麻を紡いだ糸を平織してできた上等な麻布。小千谷縮とか越後縮ともいわれる。

◆衣類・織物の利用

明治期以前の麻織物の原料に苧麻《ちょま》(註4)と麻がある。このうち良質な糸がとれ、加工しやすいのが苧麻であり、越後上布(註5)など夏向きの高級織物の原料となった。一方、麻は、おもに仕事着等自給用の衣類の糸に利用されたが、伝統を重んじる世界では、麻が用いられることが多く、例えば天皇の皇位継承の際に行われる大嘗祭の時に皇祖神である天照大神に献上する布や神御衣《かむみそ》（神にささげる衣服）の荒妙《あらたへ》（織り目の粗い布・麻織物）、あるいは武士の裃等は麻で作られる。

ところで野州麻が商品化された織物の原料として用いられるようになったのは、そう古いことではない。野州麻が用いられた代表的な織物に近江上布と奈良晒《ならさらし》がある。

近江上布は、滋賀県の琵琶湖の東岸、いわゆる湖東地方の愛知郡周辺で作られている手績みの麻の糸による織物であり、通気性のよい夏服の高級衣料として用いられる。昭和五十二年（一九七七）には国の伝統的工芸品に指定された。この近江上

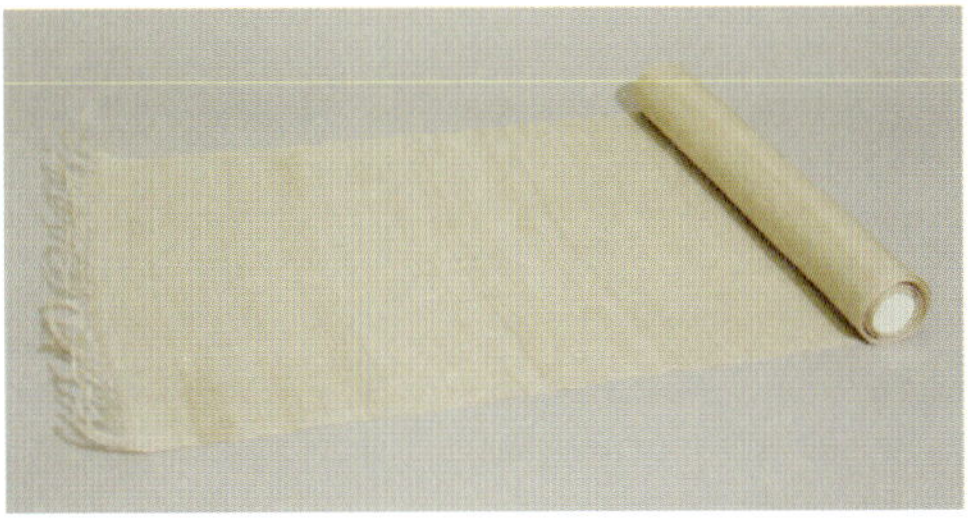

麻布「奈良晒」の生平（個人蔵・栃木県立博物館写真提供）

蚊帳、これは自家製でなく購入したものである（福島県只見町）

鹿沼市口粟野の旧家に保存されていた帷子

布は、もともとはこの地で栽培生産された麻が用いられたが、野州麻が用いられるようになったのは大正期である。その主な集散地は旧の粟野町であり、そこで集散された野州麻のほぼ四分の一が、織物用として滋賀県の近江上布、および福井県福井市の蚊帳に利用されたのである。

奈良晒は、奈良市で作られた織物で、麻糸で織った布を水で洗い、さらに天日にあて晒したものである。江戸時代宝暦四年（一七五四）に出版された『日本山海名物図会』に「麻の最上は南都（奈良）なり。近国より、其品数々出れども染めて色良く身にまとわず汗をはじく故に奈良晒とて重宝するなり」とあり、第一級の織物として評価されている。

奈良晒は、当初、苧麻が用いられたが明治末期頃から麻が用いられるようになり、大正時代には野州麻も用いられるようになった。昭和の中頃には旧粟野町の問屋や農協から出荷され、その後、栃木市の問屋から出荷された。

◆帷子・蚊帳等への利用

近江上布や奈良晒でなくとも麻布織りについては、野州麻栽培地でも自給品として結構織られた。筆者が以前、粟野町史編さん事業の調査で口粟野（現鹿沼市）の旧家を訪れた際、明治時代に織られたという藍染の帷子《かたびら》を見

日光中宮祠二荒山神社の武射祭。もともと蟇目式神事といい、年頭に当たり鏑矢（かぶらや）の発する音で魔除けをする行事である

せていただいたことがある。麻の布地で仕立てた夏用の単衣の着物で、成人女性の余所行きの着物だということである。麻布織りや裁縫の担い手は、一人前になった女の仕事であり、麻から糸を紡ぎ、今でも結城紬の機織りに使われている古風な機織り機で布地を織り、着物に仕上げたものである。また、北半田（旧粟野町・現鹿沼市）では大正期頃まで麻糸を紡いで布地を織り蚊帳として縫い上げたものである。そうして作った蚊帳を母親は、娘に嫁入り道具の一つとして持たせたともいう。

◆弓弦の利用

日本で発達したいわゆる和弓の弦に利用される素材は、もともと麻を用いたもので、麻の中でも強靭かつ品質の最も高いものである。問屋は弓具店から弓弦の注文が入ると、念入りに麻を吟味したうえで値段の交渉をした。はじめに問屋は仲買人に弓弦用の麻が欲しいことを伝えた上で、それにかなった麻を仕向けてもらう。問屋は麻を一本抜き、シッポ（尻尾）の方を裂いて見るなどして強靭さを確認したものであるという。なお、現在では麻の他に化学繊維で作られた合成弦も用いられている。麻弦は伸びが大きく、化学繊維は丈夫過ぎて弓に負担がかかり破損の原因となるため、高段者を中心に麻弦を愛用する人が多いという。

コラム

麻の贈答の風習

化学繊維が普及した現在、麻の利用はめっきり少なくなってしまったが、昭和三十年頃までは、商品化された物ばかりでなく、暮らしの中で下駄の鼻緒をなおすとか、背負い籠や蓑の紐をなおす、あるいは荷縄に用いる、さらには出産時に産婦の髪の毛を結ぶ等ちょっとした時に少量用いるといったことも多かった。このように麻は、無くてはならないものであり大変重宝がられたものでもある。したがって麻農家のみならず一般の家でも多少の麻を保管していたものである。

そうしたことから麻農家では麻を、贈答の品として用いたものである。子どもが生まれて初めて母親の実家に行くことを新客といったが、鹿沼市引田では、この時、子どもが生まれた家が麻農家であった場合、母親の実家にお返しとして麻が贈られたという。

この麻の贈答については筆者も子どもの頃の記憶がある。筆者の親戚に鹿沼市見野で麻栽培生産をしていた家がある。暮れになると四・五〇センチ程の長さに折りたたんだ引きたての麻を一握り半紙に包み持ってきてくれた。多分歳暮の品としてなのだろうが、この麻が筆者にとっても結構役

畳表の莫蓙（ござ）を敷いた上で耳うどん作りをする（佐野市牧）
（耳の形に作る佐野市牧地方の特殊なうどん）

納屋の床に立てた麻殻の束（鹿沼市下永野）

に立った。子どもの頃、男の子の冬の遊びと言えば、コマ回しやベーゴマが盛んであり、この回し紐に、いただいた麻を用いたのである。今となっては懐かしい思い出である。（K）

②皮麻の利用

皮麻とは、普通の麻とは異なりアサキリ（麻切り）後にニハギ（煮剥ぎ）と称し、熱湯に浸しその後に表皮ごと繊維を剥いだものである。皮麻が栽培生産される地域は、その多くが水田稲作地域である。水田で栽培される麻は、地味が肥えているせいか茎が太く育ち、麻の繊維としては良質なものではない。そうしたことから麻として加工されるよりは皮麻として加工されることが多い。皮麻の利用は、主に畳表の経糸《たていと》であり、そのほかに丈間《じょうま》の経糸がある。

畳表は、畳の表にあてるイグサを織ったゴザである。このイグサを織る際に経糸として皮麻の糸が用いられた。一方、畳表の生産地は、現在でこそ熊本県が全国の九五％を占めるが以前は広島県や岡山県であった。戦後間もなくの頃、広島県や岡山県の畳表を取り扱う商人が、麻のとれる夏場になると栃木市に皮麻で作った糸を買い付けにやって来たという。糸は栃木市の皆川で作られたものである。畳糸はその後、綿糸や輸入物の苧麻糸、化学繊維にとって代わられ、皮麻糸の利用は衰退した。

丈間とは、皮麻で作った糸を経糸として稲藁を織ったものである。同じ稲藁を織ったものにムシロがあるが、ムシロは経糸にコテナワと称する細い縄を用いて稲藁を織ったもので、織った両端を閉じ込んだものである。これに対し、丈間は稲藁を経糸にゆるく打ち込んだもので両端も始末せずに織ったままである。ムシロは、原料の藁を多く使用するために厚手のものとなり、部屋の板の間や庭での穀物の敷物等に用いられた。一方、丈間は原料の稲藁の使用量が少なく経糸に皮麻が用いられているので軽くて丈夫である。主にコンニャク、懐炉灰、養蚕の蚕座、干ぴょう、下駄、鼻緒の芯縄などの梱包およびクッション材として用いられた。

丈間の生産地は、栃木市の皆川地区や岩舟町小野寺である。特に皆川での生産が盛んで、そこで織られた丈間を「皆川丈間」とか単にミナガと称した。明治期から大正三、四年頃まで、皆川地区ではどこの農家でも、皮麻から糸をより丈間を織ったものである。できあがった丈間は、栃木市の荒物屋に引き取られ近県に出回った。江戸時代から明治期の頃には皆川に二と七のつく日に市が開かれ、そこで農家と栃木市の荒物屋の間で取引が行われたという。こうして広く使用された皆川丈間であったが、段ボールやビニールの出現により昭和三十年頃には生産が衰退した。

③麻殻の取引きと利用

麻殻とは、麻の繊維を剥いだ茎のことで、オガラ（苧がら）、訛ってオンガラともいう。麻殻は麻の繊維を得る際の副産物であり、これも取引きの対象となった。麻殻は仲買人が農家より購入し、荒物問屋に販売した。麻の仲買人の多くは、麻を対象としたものであるが、麻殻を扱う者は、小規模な仲買人か、小売りを兼ねた地元の商店主であった。麻殻は一把単位で取引され、白くてまっすぐのものが良く、曲がったものは安く買いたたかれるか、取引の対象にならなかった。

麻殻の利用で一番多いのは、屋根材である。その他に懐炉灰や火薬、あるいは儀礼的な利用として盆の送り火に用いる松明《たいまつ》、赤子のお七夜の便所参りで用いる箸、嫁入りの入家式で用いる松明等がある。変わった利用では、麻剥ぎの時に折った短い麻殻を風呂の焚きつけにしたり、便所に置き用を足した後の尻ぬぐいに利用したりすることもあった。

外側上部を茅、内側下部を麻殻で葺いた医王寺唐門の屋根（鹿沼市北半田）

葺きあがった麻殻葺きの屋根（栃木市西方町）

◆屋根材の利用

我が国の伝統的な民家の屋根材は、茅や小麦藁等の草材が多かった。屋根材は使用する量が多いので、輸送がしやすい身近な所で得られる素材が用いられたのである。栃木県の場合、県北地方の山間地では茅が一般的であり、県央から県南の小麦栽培地では小麦藁が用いられた。そして県西部地方の野州麻栽培生産地では麻殻が身近な素材として用いられたのである。

麻殻は、麻を得る際の副産物であり、麻農家であればおのずと麻殻が貯まる。これを毎年少しずつ保管しておけば需要を満たすことができる便利な素材でもあった。

新しい麻殻は、色合いも白く美しい。全面麻殻で葺いた屋根は、白く輝き遠くからでもそれとなくわかる。鹿沼市北半田の医王寺は、東高野山と称される名刹である。この寺の金堂は、茅葺きのどっしりとした構えの大屋根で、見るからに重厚感があふれる。現在では全て茅葺きであるが、麻殻が豊富に手に入った頃は、表面を茅で葺き中は麻殻葺きであった。耐久性の強い茅を表面に、それより劣る麻殻を中に葺いたというわけである。軒先をみると茅と麻殻の色が層をなして見え、その縞模様が美しい。野州麻栽培生産地の真っただ中にある医王寺ならではの屋根である。

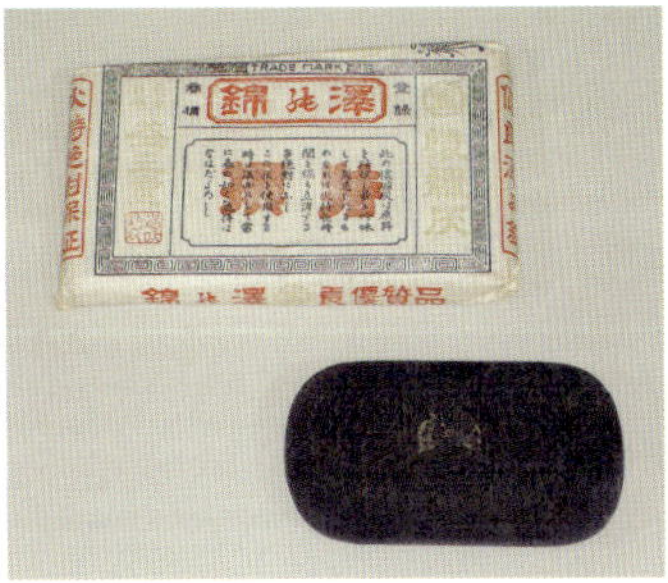

懐炉灰と懐炉〈栃木県立博物館蔵〉

◆懐炉灰への利用

懐炉は、懐中に入れて使用する暖房具であり、懐炉灰は懐炉で使用される燃料である。懐炉灰は、麻殻を釜に入れて蒸し焼きにしてから細かく砕き灰にしたものに、同じくオガクズを蒸し焼きにしてから砕き灰にしたものを加えたものである。これを専用の細長い紙袋に入れ容器の懐炉に入れて用いる。

明治時代の中頃に、栃木市に本格的な懐炉灰工場ができると、鹿沼市や旧粟野町等にも工場が作られた。懐炉灰の生産は、大正時代から昭和の二十年代にかけて最盛期を迎えるが、昭和三十年代にベンジンを用いた白金懐炉が、昭和五十年代に鉄粉を利用した使い捨て懐炉が出回ると麻殻を原料とした懐炉灰の生産はほぼ消滅した。

◆盆飾り等への利用

宇都宮市あたりでは、平成のはじめの頃まで八月の月遅れの盆近くなると八百屋やスーパーの店先に麻殻が並べられ販売された。仏壇のある家では、麻殻を四、五本買い求め、これで鳥居形を作り盆棚に飾り、そこに赤くなったホオズキや素麵等を引っかけたものである。また、短く折ったものを盆棚に供えるキュウリやナスで作った馬形の脚とした。

火をともした麻殻松明を持って墓参りに出かける（栃木市都賀町）

◆盆の送り火の利用

盆は祖霊を迎え祀る行事である。祖霊を迎えに行く盆のはじめを迎え盆、盆の終わりを送り盆というが、栃木県の多くは月遅れで盆行事を実施しており八月十三日が迎え盆、十六日が送り盆である。

十六日の送り盆には送り火を焚く風習がある。昭和六十三年（一九八八）、栃木市都賀町家中に送り盆の行事の調査で出かけたことがある。一家の主が家を出ようとしている時だったが、家族の一人が紙に包んだ盆棚の供物を手に持ち、主が火をつけた麻殻の松明を手に持っていた。それが送り火である。麻殻の松明からは、煙が立ち上っていたが、先祖様は、その煙に乗ってあの世に帰るものだという。他の地域では、送り火の材料として細かく割った木を送り火に用いているが、都賀町家中の場合は麻殻である。野州麻の栽培生産地であり麻殻が手に入りやすいことと、麻殻は容易に点火できるからであろう。

コラム ―― 麻《お》っ滓《かす》の利用と子どもたち

麻の繊維を取り出すことを麻引きといい、表皮を取り除き繊維を得る作業をいう。まず、トコブセ（床臥せ）と称し、表皮がついたままの麻の茎を

麻を引くそばから麻っ滓が溜まる（鹿沼市下永野）

冷暗所に積み重ね、上から水をかけムシロでおおい表皮を腐らせる。次にアサハギ（麻剥ぎ）と称し、茎から腐った表皮がついたままの繊維を剥ぎ取る。さらに剥ぎ取った繊維を麻引き台の上に乗せ、「引きごこ」と称する用具で表皮を削り取ると繊維が得られる。

ところで、麻引きで出た滓をオッカス（麻っ滓）とかオクソ（麻糞）という。麻引き箱の片隅、麻引き台の傍らに、麻引きが一段落すると麻っ滓が溜まる。本来ならば　残り滓であるところから廃棄されるものであるが、麻農家ではこれを売ったり、利用したりする。余すところなく利用しようとする麻農家ならではの配慮からである。

麻っ滓は、子どもや年寄りに渡され、処理されるのが一般的である。麻っ滓の処理をまかされた子どもや年寄りは、これを川端に持って行き、流れで十分もみ洗いする。そうすると表皮の滓が取り除かれ、短くなった繊維が残るのでそれを良く干す。これが売り物になったので、荒物屋に持って行って売ったものである。また、麻引きの時期になると麻っ滓買いが自転車でやって来たので売った。麻っ滓を買い取る業者は、麻の仲買人に比べ資金力の乏しい者がなった。麻っ滓は麻農家の子どもや年寄りにとっては結構な小遣い稼ぎになったという。

繊維分が含まれる麻っ滓は、紙の原料になった。荒物屋等に集められた麻っ滓は、専売公社(註6)や製紙会社に運ばれ、煙草の巻紙や包装用等安物の紙となった。また、左官屋が壁土の強度を高めるために混ぜて利用することもあった。一方、麻っ滓は、窒素分が多く含まれていることから、自給用の堆肥の中に混ぜたこともあったという。なお、こうした麻っ滓の利用も平成の世の中になるとほとんど姿を消した。（K）

註6　今日の日本たばこ産業株式会社。昭和60年４月１日に日本専売公社から業務を引き継ぐ。

八雲神社の御仮屋神前に奉られた幣（那須烏山市中央）

2　信仰の中の麻

麻は特異な繊維である。麻は他の天然繊維と比べ軽くて強靭、しかも上質な麻は黄金色に輝き美しい。また、麻は一年草であっという間に人の背丈以上に育ち成長が早い。その上、特殊な成分を含み麻農家からは、不思議な作物ともみられていた。

こうした他の植物にはない独特の性質から麻には呪術力が宿ると信じられ、神具に用いられ、また、人の一生の儀礼等において用いられてきた。

日光二荒山神社弥生祭（やよいさい）本宮での祭典（日光市山内）

①神具と麻

◆お祓いの用具

神社の祈祷や祭りでは、お祓いが欠かせない。簡単に言えば穢れを祓うためである。このお祓いに用いる道具を「大麻《おおぬさ》」と言う。「ぬさ」は麻の呼名で、幣あるいは麻、奴佐と当て字され、「ぬさ」の美称が「おおぬさ」である。

今日一般的なものは、榊の枝または白木の棒の先に、麻または神垂《しで》(註7)をつけたものである。白木の棒で作ったものは祓串《はらえぐし》とも言う。なお、巫女が髪を結ぶ際や神主が冠を抑えたり、衣装を抑えるために麻で結ぶことがあるが、これらも穢れを祓う意味からと思われる。

◆神宮大麻

神棚に祀られるお札には「神宮大麻《じんぐうたいま》」と呼ばれる伊勢神宮から出されるお札がある。これはもともとお祓いに用いられた祓串を箱に入れたものであるが、後に「御真《ぎょしん》」と呼ばれるご神体（麻）を和紙で包み、それを中に納めたお札となった。

◆注連縄・横綱

注連縄は、神を招く目印であるとともに聖域を示すものである。各家の屋敷神

註7　注連縄や玉串、御幣、大麻等につけて垂らす、特殊な断ち方をした紙をいう。

小林神社に吊るした注連縄（壬生町北小林）

や小集落で祀った祠等は、その年に取れた稲藁で注連縄を作る場合が多いが、ムラの鎮守社等氏子や信者の多い立派な造りをした神社等では麻を材料に撚った（註8）所が多い。各種注連縄に稲藁や麻が用いられるのも、ともに神が宿るものとして神聖視されるからである。

さて注連縄と似たものに大相撲の最高位が締める横綱がある。横綱とは、大相撲の最高位を横綱というとともに、その横綱が土俵入りをする際に締める綱をいう。その横綱には、神垂をつける。本来の意味は、神社に下げる注連縄と同じである。大相撲が単なるスポーツではなく、もともと神事から発展した日本古来の文化を受け継ぐものであるからである。時々、大相撲の土俵上に女性を上げる上げないで論争がなされ、その度に日本相撲協会がやんわりと断るのも、大相撲は神事だからとの理由からである。

ところで横綱の材料は野州麻が使用されることが多い。麻は、はじめに米ぬかで揉んで柔らかくし、その後、水に晒して米ぬかを落としてから、まず、小綱を三本作る。小綱の作り方は、綱の形を整えるために銅線を芯にしてその上から麻を巻きつける。この時、中央部は太く、両端は細くする。その後、表面に晒した

註8　綱や縄は、普段使いのものは右撚りであるが、神社や各家の正月歳神に吊るす縄は左撚りのものである。

横綱白鵬関使用〈大森由久氏蔵〉

木綿を巻きつける。こうしてできあがった小綱三本を左撚りに撚り合わせて行くと綱ができあがる。最後に綱に紙垂を五本挟み込む。その姿は注連縄であり、横綱は、普通の力士では締めることができない。まさに神に近い域に達した横綱者だけが締めることができるものである。

②人の一生の儀礼と麻

麻には不思議な力、いわゆる呪術力が宿ると述べた。暮らしの中では麻の呪術力を期待する信仰として赤子の出産や婚姻、葬送等人生儀礼に関わるものが目立つ。

◆産婦の力綱・臍の緒を縛る麻

現在、出産の多くは病院等でなされるが、医療体制が未発達の時代にあっては自宅出産であった。筆者は昭和十九年（一九四四）生まれであるが、母親は自宅で産婆の介助のもとに筆者を出産したという。このように昭和の時代には産婆が活躍したが、それ以前にはトリアゲ婆さんと呼ばれる近所の器用な女性が出産の介添えを果たしたものである。

ところで自宅出産の場合、それもまだトリアゲ婆さんが活躍していた頃、農家

セッチン参り（鹿沼市入粟野）
赤子に麻殻の箸で糞をつまんで食べさせる真似をする

では出産を納戸で行った。畳をあげた床板の上にムシロや稲藁を敷き、その上に古くなった着物を敷き、その上に、稲藁を二十一束、あるいは荷鞍や箱を置く。天井からは麻綱を吊るした。産気づいたなら稲藁などに寄りかかり、難産の場合は、麻綱に掴まって産んだともいう。

無事赤子が誕生すると、母体と赤子を結び付けていた臍の緒を縛ってから切り離す。その縛る紐に麻が用いられたのである。

◆セッチン参りと麻殻の箸

赤子が生まれてから七日目に行われる儀礼をお七夜といい、便所をはじめ井戸、橋等に赤子を連れてお参りする風習がある。鹿沼市等では、便所をセッチンと呼び、セッチンに最初にお参りするところからお七夜の儀礼を「セッチン参り」とも呼ぶ。ひと頃「トイレの神様」という歌が流行ったが、その歌詞の中にあるように、昔から便所には便所の神様がおり、人の健康と関わり深いとされ大切に祀られ信仰されて来た。セッチン参りは、赤子の無事成長をセッチンの神様に願ったものである。

ところでセッチン参りの際に、赤子に模擬箸で糞を食べさせる真似をする風習が県内に広く見られる。鹿沼市等では、その模擬箸に麻殻が用いら

セッチン参り終了後軒先に麻殻の箸を挟む（鹿沼市口粟野）

結納の友白髪

れた。麻殻の箸は、長さが約五〇センチほどで、二本一組を半紙で包み、その半紙の中ほどを紅白の水引で結んだものである。産着を着せた赤子をトリアゲ婆さんが抱き、近所の子どもが麻殻の箸を持って赤子に糞を食べさせる真似をする。儀礼が終わると、箸を一本ずつにとりわけ、便所の庇の裏側に掲げてくる風習がある。この場合、掲げた箸の間隔が短いとすぐに次の子が生まれ、また箸が軒先に深く刺さると男の子、浅く刺さると女の子が、次にできるとも言われた。呪術力を宿した麻殻に赤子の健康を託したものである。

◆結納品の「友白髪」

婚約成立のあかしとして男方から金品を渡すことを結納と言う。結納の品には、トモシラガ（友白髪）をはじめカナイキタル（家内喜多留）、スエヒロ（末広）、コンブ（子生婦）、スルメ（寿留女）、カツオブシ（勝男節）等の品物が用意された。このうち友白髪とは麻を束ねて白髪に見立てたものをいい、夫婦となる二人がともに白髪になるまでいつまでも仲よく暮らしていくことができるように、長寿と夫婦円満の願いを込めたものである。

◆花嫁の松明またぎと麻殻

現在、婚礼の儀式やその後の披露宴は、神社や結婚式場、あるいはホテル等で行われているが、昭和三十年（一九五五）頃までは嫁や婿を迎える家で行われたものである。

ところで花嫁が嫁ぎ先の家へ入る際には、花嫁の健康や子宝に恵まれることを願ってさまざまな儀礼が行われた。代表的なものに両家の家紋入りの提灯を交換する「提灯とっかえ」があるが、このほかに県内各地では菅笠を花嫁の頭上にかざす「笠被せ」、花嫁に松明をまたがせる「松明またぎ」、花嫁の尻をもろこし箒で叩く「尻叩き」等の儀礼が行われた。

このうち松明またぎは鹿沼市あたりから佐野市等の県の南西部地域一帯で行われたものである。鹿沼市中粕尾では嫁ぎ先の家の庭先に麻殻を一握り束ねて作った松明を鳥居型に、同市上粕尾では十文字に、同市西大芦では束ねた上から水引をかけて十文字にそれぞれ置き、点火した松明の上を花嫁にまたがせたのである。土地の言い伝えでは花嫁に松明をまたがせるのは、「松明の火でいぶされるような辛い目にあっても我慢するように」と言われているが、麻の持つ呪術力と神聖な火によって花嫁を清めようとしたものと思われる。

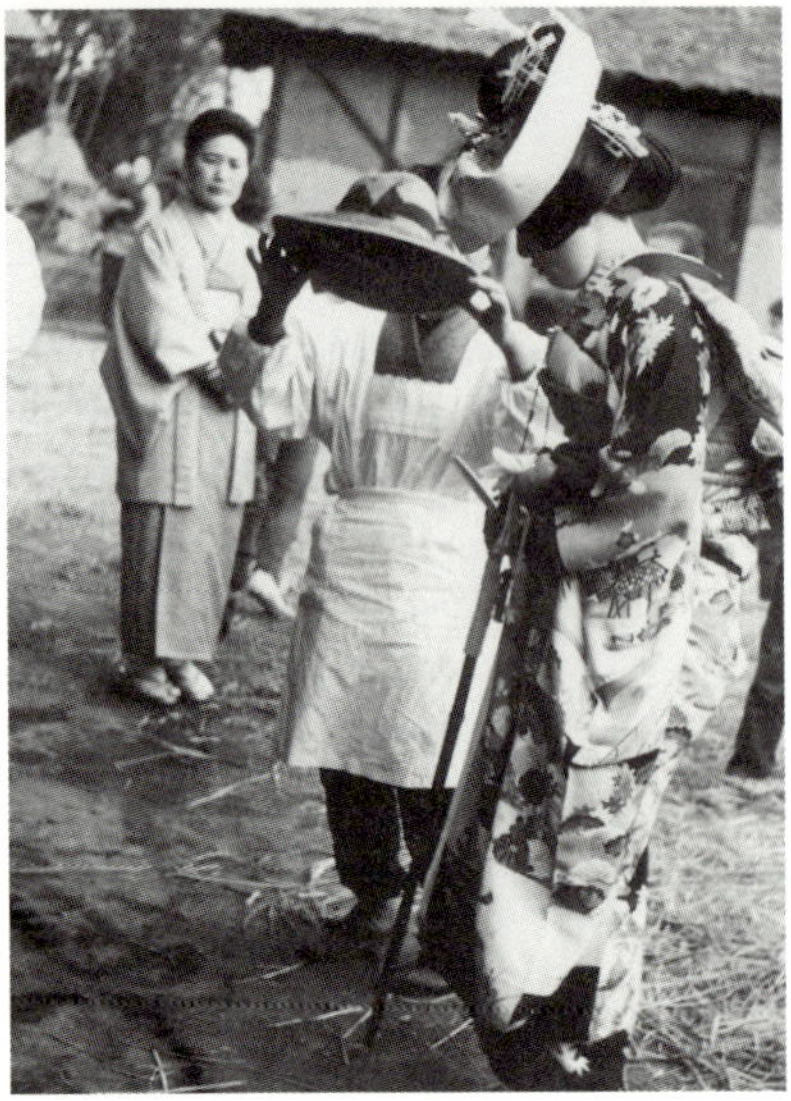

笠被せの儀式（菅笠の代わりに麦わら帽子を代用）昭和30年代（小山市）

善の綱を引く葬列。この場合は木綿さらしであった（益子町上大羽）

◆葬送儀礼と麻

日本人は、古くから魂が分離し肉体だけになった死は穢れたものとの観念を持つ。そうしたことから死者の穢れが薄れ無事にあの世に行くことができることを願う思いが強く、それらに関わる風習が各地に伝わる。例えば自家で葬儀を行った時代にあっては、人が亡くなってから墓地へ送るまで、死者の枕元に枕飯や枕団子を供えたり、出棺の際に花吹雪とともに銭を蒔いたり、また、「善の綱」と称し近親者が棺を乗せた台に結び付けた綱を引きながら墓地に向かう等さまざまな儀礼を伴ったものである。

こうした儀礼のなかでも麻が用いられた。善の綱は、木綿のさらしを用いたとする所が多いが、古くは麻を用いたものであり、また、棺を埋葬する際には、棺を麻で縛り、その手元をトコトリ（床取り）と称する組内の墓穴掘り役の四人が持ち穴に下す等は県内各地で見られた。この他、佐野市の赤見では、葬列の中に杖を持つ役があるが、その杖は長さ一メートル程の青竹を用いたもので持ち手あたりに麻を結んだ。なお、この杖は棺を埋めた土盛りの上に突き刺したという。

麻の葉模様の産着

女物の麻の葉模様の着物

麻の葉

麻の葉模様の組子

コラム　麻の葉模様

麻は、茎のてっぺんから放射状に細長い葉がつく。その形をデザイン化したのが麻《あさ》の葉《は》模様《もよう》である。麻柄ともいい、日本の伝統的な文様でもある。基本的な形は正六角形で、幾何学的な形で葉の形を取り込んだものである。古くは鎌倉時代に造立された奈良・西大寺の愛染明王像の衣服の一部に麻の葉模様が描かれており、次第に普及し、江戸時代には着物をはじめさまざまな物に取り込まれ今日に至っている。栃木県内で見られる主なものには、大人の着物、赤子の産着、伝統的な民家の座敷を区切る欄間などがある。中でも欄間の場合は、細い木を組んだ組子《くみこ》として用いられ、鹿沼市の伝統工芸である鹿沼組子が知られる。なお、鹿沼組子では、近年欄間の他にもさまざまなものに取り入れており、写真のようなコースターもある。

ところで麻の葉模様が、さまざまな面で用いられたのは、デザインの美しさもさることながら麻の葉の成長が早いことや麻の持つ呪術力にあやかったところにある。生まれた赤子に最初に着せる産着は、そうしたものの代表的な利用といえよう。（K）

Ⅲ　野州麻の栽培生産

1 他地域における麻の栽培生産との比較…奥会津地方の麻の栽培生産

野州麻の生産は、現在全国でも断然トップの生産量を誇り、統計が確立されて以来常に全国生産量の約八割強を占めてきた。他の多くの生産地が、自給のための栽培・生産であったのに対し、野州麻は農家の大切な現金収入源として栽培生産されてきた。麻の栽培生産が盛んに行われた江戸後期から昭和後期頃、一戸当たりの麻の栽培面積が自給栽培地域では、一反歩（〇・一ヘクタール）に遥かに満たない小規模であったのに対し、野州麻栽培地域では四～五反歩（〇・四～〇・五ヘクタール）、多い家で一町歩（一ヘクタール）強を栽培する程の規模であった。こうした栽培面積の差は、当然栽培生産方法はもとよりそれらに使用する種播き器や麻切り包丁、麻風呂等の野州麻栽培地域ならではの用具などを生み出した。野州麻の栽培生産がいかに他の地域と異なり特異であったかは、他の自給栽培地域と比較すれば明瞭である。ここでは参考までに隣接する福島県奥会津の伊南川流域における麻の栽培生産を紹介したい。

江戸時代、奥会津の人々の暮らしを支えた産物の

麻で織った山袴を身に着ける（福島県只見町）現地ではブタユッコギという
『図説会津只見町の民具』より

代表格は麻であったという。夏季冷涼な気候が水田稲作に不向きであったことが、現金収入源としての麻の栽培を促し、また、冷涼な気候が上質な繊維の麻の栽培に適していたのである。

南会津町古町（旧伊南村）では麻市が開催され、周辺地域で生産された麻や麻糸、麻布（反物）が取引された。地元の商人はもとより近江の商人たちによる取引が盛んに行われ、大坂や京都、あるいは江戸に出荷され、麻商売で財力をなす者も出現した。

ところが幕末になると麻の栽培生産が次第に衰退の方向へ向かった。衰退の主な要因に幕末の開国に伴う絹貿易があった。それまで現金収入源の多くを麻栽培・麻布等の生産に依存してきた農家が養蚕業へ転換し、また、麻布の織り手であった女たちを当地方にできた製糸工場へ向かわせた。その結果、現金収入源としての麻の栽培・麻布等の生産は、自給のための栽培生産へと変化した。第二次世界大戦後には麻の所持、栽培、譲渡に関する大麻取締法の制定や化学繊維の普及等により、麻の栽培生産は衰退し、昭和の末期には奥会津伊南川流域からほぼ姿を消した。

次に大正期から昭和期頃の自給を目的とした麻の栽培について只見町塩ノ岐の古老（明治三十八年生まれ）からの聞き取りを紹介したい。

麻の栽培工程は、まず、オバタケ(註1)(苧畑)への人糞の散布から始まる。春早くすっかり雪が溶けた晴天の日に行う。人糞を下肥ともいい、タメド(溜めど・納屋の土間に埋設した貯蔵桶)に溜めておいた下肥を下肥桶二つに汲み入れ、これを天秤棒の両端にぶら下げて苧畑まで担いで運び、肥柄杓で畑にばらまく。

種播きは、新暦五月初旬、八十八夜の頃に行われる。この時期になると近くの山桜が咲き始めるので、その桜をオマキザクラ(苧播き桜)といい、桜の開花を種播き時期の目安にもした。下肥を撒いてから一カ月以上も過ぎると下肥が乾き地に馴染む。そこを平鍬で耕し平らにならしてから種を播く。種を播くことをタネをオロス(種をおろす)という。ザルに入れた種を一定の幅にアトッチャリ(後ずさり)しながら播きその後土をかけた。

中耕をクルメといい、茎が二〇センチから三〇センチくらい成長した頃に、麻の畝間の除草を兼ねて土を耕す。

月遅れの盆前は、アサヌキ(麻抜き)の時期である。麻の根は畑に残しておくとその後の処理が厄介なので根っこごと引き抜く。まず、茎が細くて短いものを先に抜き、その後大きく育った麻を何本か束ねて脇の下に抱え、両手で持っていっきに引き抜く。引き抜いたら根についた土を足ではたいて落とし、その後、草刈り鎌で根を

註1 麻のことを苧(お)ともいう。麻畑を苧畑、麻引き後の滓を苧っ滓、麻殻を苧殻等ともいい、麻糸を紡ぐことを苧を績むともいう。
なお、鹿沼市麻苧町を「あさう町」というが、本来、「あさお町」である。「苧」を「宇」と読み間違えたものであり、麻の取引が行われた土地ゆえついた町名である。

麻束を浸す池。冬は融雪、また、鯉などの養殖に利用(福島県只見町)

麻引き。麻の繊維をとるため表皮を取り除く『図説会津只見町の民具』より

註2　こうした苗代田を「通り苗代」といった。苗だけを育て稲は作らない。草をはやさないようにしておいた。

切り落とし、次いで葉を落としてから茎の長さが一定になるように先を切った。

切った麻は、直径三〇センチくらいの太さに束ね、前後二カ所を稲藁で結び、それを母屋の土間に運び込んだ。翌日からアサホシ（麻干し）となる。母屋の前の庭に丸太を横たえ、それを枕のようにして麻を並べ置き、あるいは石がごろごろした河原に麻を並べて干したこともある。日中、暑い時に、麻がまんべんなく乾くように裏返しする。晴天続きならばこうして三日も干せば茎がカラカラに干しあがる。なお、話者が子どもの頃は、麻を干す前に長い釜で沸かした湯に麻束を上下ひっくり返し潜らせたといい、そうすると天日乾燥が良くできたという。干し上がった麻は母屋の天井裏に取り込んだ。

秋になり田んぼ仕事が一段落した後に麻引きに取りかかる。まず、苗代田（註2）に水を張り、そこに麻を浸す。この他に母屋の傍らに設けた池に麻を浸す家もあった。池は冬期屋根からおろした雪を入れて溶かし、あるいは鯉を育てるためにも利用された。一日くらい池に浸してから裏・表をひっくり返す。次いで苗代田のそばの土手に古い筵《むしろ》を敷き、その上に苗代田からひきあげた麻の束を置き、さらに濡れ筵を被せひと晩置く。こうすると表皮が腐って柔らかくなり麻が引きやすくなる。その後、オハギ（苧剥ぎ）の作業に移る。茎の一端を折り、繊維を剥ぎ取る。

苧うみ。麻の繊維を細かく裂き、舌で湿らせながらつなぎ一本の糸にする。うんだ麻糸はオボケ（苧桶）に入れて置く（福島県只見町）『図説会津只見町の民具』より

麻引き（苧引きとも）は、囲炉裏のある板の間で行った。剥いだ麻をオヒキダイ（苧引き台）の上に乗せオヒキカナグ（苧引き金具）で擦り表皮を取り除く。取り除いた表皮をオッカス（苧っ滓）といい、傍らに置いた舟（苧引き舟ともいう）に溜め置く。引いた麻は、天井から吊り下げた縄に渡した竿に引っ掛けて干した。陰干しにするときれいな麻ができ上がる。でき上がった麻は、自家用として利用した。繊維としての麻は荷縄や下駄の鼻緒等に、布地に織りあげた麻布はカリアゲユッコギ（下衣に使用）等に仕立てたが、大正期に木綿が普及すると麻布の利用は次第に姿を消した。なお、戦中・戦後の布不足の時には、麻の栽培生産が一時的に復活し麻布を織りモンぺやユギヌ（蒸籠に敷くカケンのこと）等に用いたという。この他に麻を引いた後の苧殻は、屋根材や捨て木[註3]、あるいは盆棚等に用いたともいう。

2　野州麻栽培を促した背景

①野州麻栽培地域

野州麻栽培に適した風土を述べる前に、野州麻の栽培地域について述べよう。野州麻栽培の最盛期における栽培地域は、大よそ地図の通りである。市町村名で

註3　大便排せつ後の尻をぬぐう棒状のもの。クソカキベラともいう。

麻の作付面積と作付率(昭和39年)

色の濃い地域(現鹿沼市南摩・加蘇地区、栃木市西方町・都賀町)ほど栽培が盛んであった。

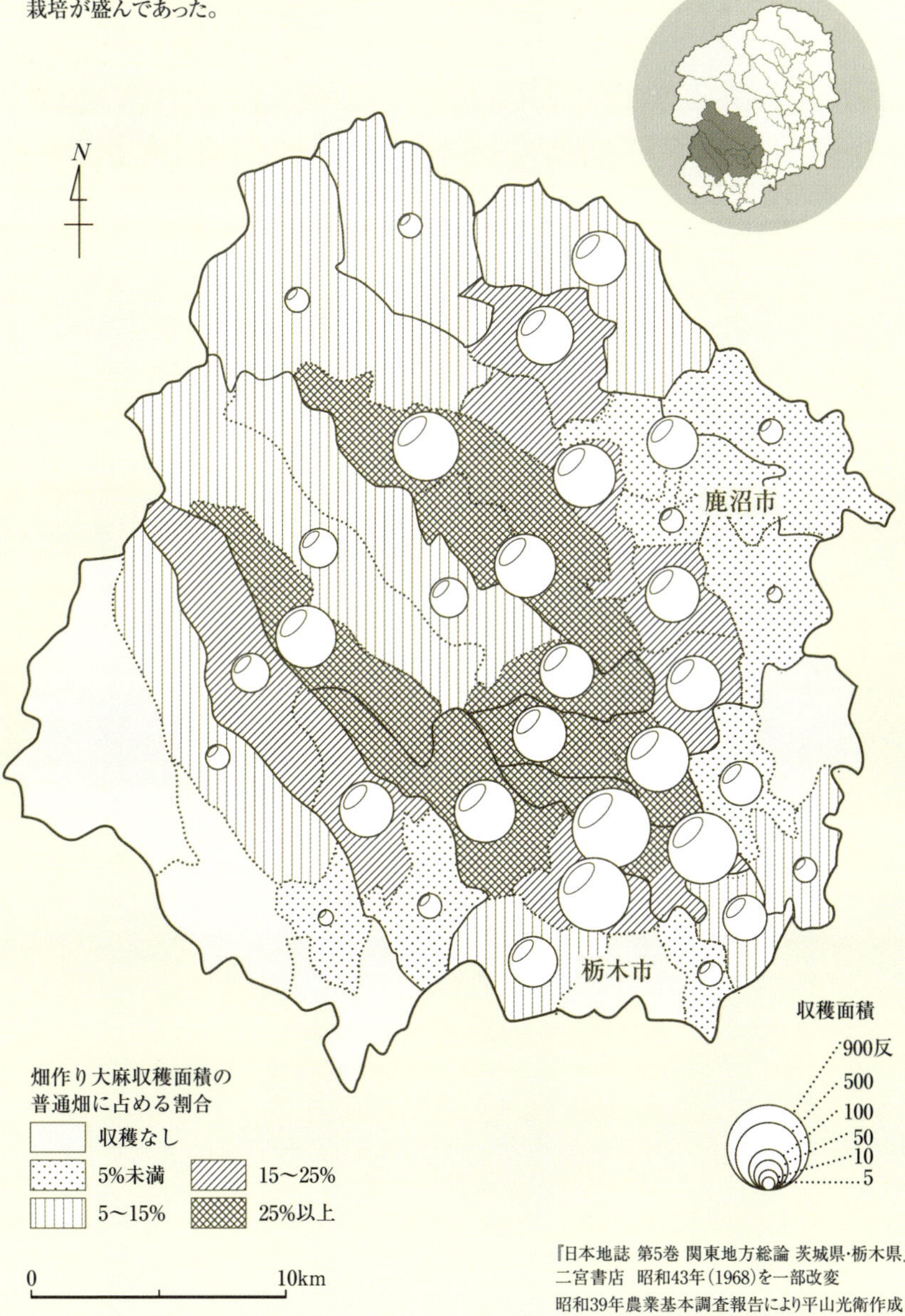

『日本地誌 第5巻 関東地方総論 茨城県・栃木県』二宮書店 昭和43年(1968)を一部改変

昭和39年農業基本調査報告により平山光衛作成

収穫間近の麻畑（鹿沼市下永野）

言えば、日光市小来川（旧日光市）・落合（旧今市市）、鹿沼市板荷・西大芦・東大芦・加蘇・南摩・鹿沼・菊沢・北押原・南押原・北犬飼（旧鹿沼市）・粟野・粕尾・永野・清洲（旧粟野町）、宇都宮市城山・国本・姿川（旧宇都宮市）、壬生町南犬飼・稲葉・壬生、栃木市西方・真名子（旧西方町）・家中・赤津（旧都賀町）・国府・大宮・寺尾・吹上・皆川・栃木（旧栃木市）、佐野市氷室・常盤・葛生（旧葛生町）・野上（旧田沼町）等である。※（　）内、平成合併以前の旧市町村名

このように野州麻の栽培地域は、足尾山地を中心とした栃木県の西部一帯の広い範囲にわたって行われてきたわけではない。しかし麻の栽培が一様に行われてきたわけではない。良質な麻ができる地域、生産量の多い地域、加工面から見ても繊維として麻の生産を主とする地域、煮剥ぎと称し熱湯で煮た後に皮ごと繊維を剥ぎ糸に加工する地域などさまざまである。それというのも良質の麻が栽培できる地域とそうでない地域があり、麻の栽培はその地の地形や地質、気候など風土に大いに左右されるからである。もっとも同じ風土でも肥料の質や散布加減あるいは引き抜いた麻を熱湯につけるユカケ（湯かけ）や表皮を削り取る麻引きの方法など栽培する人の技術および手間のかけ方により収穫量や質が異なることは勿論のことである。

ところで、良質の麻とは、仲買人や問屋などによれば、繊維が強靭であるもの、傷がなく、黄金色に輝き艶のあるもの、透かした時に下に置いた新聞の文字が読めるくらい薄いもの、感触がやわらかく、かつなめらかなものであるという。

②野州麻栽培を促した風土

さて、麻の栽培適地とされる所であるが、地形的には足尾山地の谷底平野、および山麓の扇状地である。各地の伝承によれば、鹿沼市笹原田では地質的には砂地で痩せ地、土壌中に腐食物質が少ない所、鹿沼市下永野では石地で水はけが良い所、栃木市都賀町大柿ではジャリッパ（砂利っぱ）あるいはジャリッパタ（砂利っ畑）といわれる畑地が良い麻ができる所と言われる。

気候的には、栽培期間を通し冷涼多湿であることが望ましいとされる。鹿沼市の足尾山間地では、生育の初期は、気温が高く常に霧が深ければ良質の麻ができるという。ちなみに麻の生育に適した気温と降水量について述べると、播種期の平均気温が一二度、成長期二〇度、収穫期二五度程度、降水量は播種期が七〇ミリ、成長期一六〇ミリ、収穫期一七〇ミリ以上が適量とされる。その他に西日があたらない、その上風や雹の害を受けにくい所が麻栽培に適した所とされる。一方、思川や永野川に挟まれた巴波川低地帯の土地が肥え土壌中に腐食物質が多い水田では、麻が育ちすぎるので良質の麻は取れないという。

こうしてみると良質の麻の栽培は、砂礫質の排水の良い痩せ地の畑で、夏の気温が冷涼で、西日があたらず、その上、風や雹の害を受けにくい所が適しているといえる。地域的には鹿沼市西大芦や東大芦、永野、粕尾などであり、地形的には大芦川や永野川、思川などの谷間に形成された小規模な扇状地が麻栽培に最適地と言われている。こうした良質の麻の栽培に適した所を「上場」といい、反対に肥沃で腐植土壌が多く良質の麻の栽培に適しない所を「場違い」と言っている。また、鹿沼あたりでは、良質な麻の栽培地は、西大芦や永野など野州麻栽培地の西部に位置するところから「西場の麻」と呼ばれ、他地域よりも品質がよく、高値で取り引きされた。

③野州麻栽培を促した人の力

野州麻が全国一の生産量を誇り、かつ、良質な麻を生産した背景には、風土だけではなく、その陰には多くの人々の苦労や努力があったことも忘れてはならない。

鹿沼市南摩の大貫信一郎は、麻の栽培に関して努力を積み重ねた篤農家であった。彼は明治十一年（一八七八）に開催された第3回パリ万国博覧会[註4]、および明治二十八年（一八九五）に京都市で開催された第4回内国勧業博覧会[註5]に、自作の麻を出品し、パリ万国博覧会では、銀賞牌（銀メダル）を獲得、京都勧業博覧会では有功一等の栄誉に輝いた。

ところで大貫信一郎の栄誉は、彼ひとりだけで達成できたものではなく、彼と同じ志を持った麻農家が沢山いたからに他ならない。大貫信一郎は、麻の品質向上に情熱を燃やした野州麻農家の一人で、そうした多くの麻農家が互いに切磋琢磨して良質な麻の栽培・生産に励んだ結果、野州麻は全国に誇れる麻となったのである。

麻の栽培・生産への取り組みは、麻農家だけではなかった。タネマキキ（種播き器）やアサキリボウチョウ（麻切り包丁）等の農具の発明・製作に当たった者の活躍も見逃せない。鹿沼市口粟野の中枝武雄（なかつえたけお）は、明治十五年（一八八二）に麻の種播き器を発明し、中枝式大麻播種器として用いられた。これを改良したのが栃木市都賀町原

パリ万国博覧会入賞記念メダル〈大貫哲良氏像〉

註4　第3回パリ万国博覧会
明治11年（一八七八）開催。普仏戦争からのフランスの復興を祝って開催され、フランスから日本へ参加要請があり、大久保利通を博覧会事務所総裁に準備が進められた。当時、パリの美術界でジャポニズムが沸き起こっていた時期に重なり、日本からの出品は印象派絵画に影響を与えた。

註5　第4回内国勧業博覧会
内国勧業博覧会は、明治期日本で開催された博覧会である。国内の産業発展を促進し、魅力ある輸出品目育成を目的として開催されたもので、5回開催された。第4回目は明治28年（一八九五）京都で開催され、平安遷都千百年紀年祭とあわせて開催された。

宿の泉田栄太郎であり、同市西方町本郷の鮎田治作、および同市平柳町の巻田貞蔵などであり、それぞれ泉田式大麻播種器、鮎田式大麻播種器、巻田式大麻播種器として用いられた。こうした大麻播種器の登場は、それまで手播きであった麻の種播きの作業能率を高め、野州麻の栽培生産に大いに役立ったのである。

麻切り包丁は、成長した麻を引き抜いた後に根と葉を切り落とす際に用いられるものである。麻切り包丁が出現する以前は、草刈り鎌を用いたものと思われるが、直刀のような形をした麻切り包丁は、使いやすく作業能率を高めた。この麻切り包丁の生産に大いに貢献したのが、鹿沼市麻苧町で屋号を「稲葉屋」と称した鍛冶屋である。稲葉屋は本名を細川と称し江戸時代刀鍛冶として活躍していた家柄であり、刀鍛冶の技術を応用した麻切り包丁は麻農家から好評を博し広く用いられた。なお、大麻播種器、麻切り包丁については、「Ⅳ 野州麻栽培生産における特異な用具」の所で詳しく述べたい。

◆消費地との結びつき

物が沢山作られ販売されるためには消費地との結びつきも大事な要件である。特に農林産物のように傷みやすい物や量がかさばる物が多い場合は、運搬が容易な消費地に近いことが有利である。江戸・東京に一〇〇キロ内外の所に位置する栃木県南部から中央部の地域では、農林産物の生産・販売において江戸・東京との結びつきが欠かせない。

例えば江戸時代足尾山地で切り出された杉・檜材は、思川流域の川筋を通じて江戸本所・深川の材木市場に運ばれ江戸の建築用材に使われ、江戸の街並みを形作る材料の一つとなった。野州麻の栽培生産の場合も木材同様に消費地に近接していたことが大きな要因として掲げられる。野州麻の場合、もっとも身近な消費地は、栃木であり、この地の特産品である下駄作りを促した。下駄の鼻緒の芯縄に麻が欠かせなかったからである。しかし一番の消費地は江戸・東京であり、江戸時代においては、下駄や草履の鼻緒の芯縄に限らず、釣糸、漁網、弓弦、蚊帳などの材料として、明治期以降はこうした物の他に軍需品としての芯縄や綱や織物などの材料としても用いられるようになった。一方、江戸時代、千葉県の九十九里浜をはじめ茨城、福島の太平洋沿岸の漁村では、イワシ漁の隆盛とともに地引網の材料として野州麻が大いに用いられた。

こうして野州麻は、栃木や江戸・東京、さらには九十九里浜などの消費地と結びつき、名声を高め、それに伴い生産量も拡大した。明治期に入ると従来の消費地のみならず奈良や滋賀県にも販路を拡大し奈良晒や近江上布の材料としても使われ、野州麻は日本一の生産量を誇りこの地域の経済を潤したのである。

大籠〈栃木県立博物館蔵〉

3 麻の栽培の準備

①木の葉さらい

麻の栽培においては、堆肥作りが重要である。堆肥は、ケイ（肥）、チチケなどと呼ばれ、ナラやクヌギなど落葉広葉樹の落ち葉から作られた。これは冬の間に作っておく。

十一月末になると、山に入って落ち葉をさらう。野州麻の生産地では、落ち葉のことをキノハ（木の葉）と呼ぶので、この作業はキノハサライ（木の葉さらい）という。あるいはオチバサライ（落ち葉さらい）、カレハサライ（枯れ葉さらい）などという人もいる。はじめにナタガマ（鉈鎌）で作業の邪魔になる篠竹や柴などを刈っておく。このうち、木の葉さらいがしばらく行われていない山での伐採はコガッパライ（古刈り払い）というが、太い木や笹が多いので手間がかかったという。二年目以降のシンガッパライ（新刈り払い）になると作業はいくぶん楽になった。その後、鉈鎌よりは刃肉が薄いクサカリガマ（草刈り鎌）で柔らかい草なども刈っておく。刈り払いが終わったらクマデ（熊手）で木の葉を掻き集めた。山の斜面

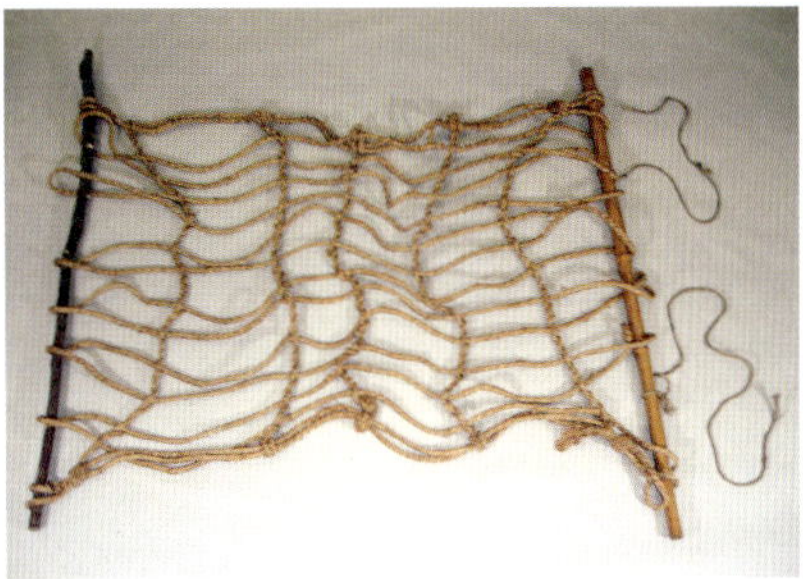

ビク〈栃木県立博物館蔵〉

大正～昭和初期頃の木の葉さらいの様子（現高根沢町付近）

であれば、上から下に向かって木の葉を落としていくと、効率よく集めることができた。

木の葉はキノハカゴ（木の葉籠）とか、キノハサライカゴ（木の葉さらい籠）などと呼ぶ籠かビクにつめて自宅まで運んだ。このうち木の葉籠は、直径七五センチ、高さ八〇センチほどの大きさの六つ目に編んだ竹籠で、農家が使う籠のなかでも最大級のものなのでオオカゴ（大籠）ともいう人もいる。中に入れた木の葉を足でよく踏み固めてから、カサと呼ぶ固くかためた木の葉の塊を三、四個、楔のように押し込むと一度にたくさんの木の葉を運ぶことができた。鹿沼市上久我の農家では、熊手でさらう人と籠を背負う人の二人一組が、オチャマエ（一〇時）に二回、午後四、五回さらったという。一反歩（約一〇アール）あたり、籠にして四〇杯分の木の葉を必要としたので、冬になると山林と自宅との間を何度も往復しなければならなかった。効率よく作業を進めるために、近所や親戚など親しい者同士のユイ（結）とかイイッコと呼ばれる共同で作業を行う人もいた。

ビクは長さ一五〇センチほどの木製あるいは竹製の棒を、およそ二メートルの間隔で平行に並べ、その間を荒縄で井桁状になるように編んだものである。さらった木の葉は荒縄の上に載せ、足でよく踏み固めてから簀巻

ビクによる木の葉さらいの様子（那須塩原市）

きにして丸め、解けないように荒縄で縛った。山の斜面を運ぶ場合は片方を持ち上げて引きずり下ろし、平坦な所までできたらショイバシゴ（背負梯子）につけて自宅まで運んだ。あるいはリヤカーやトラックに積み替えて運んでくる。

籠とビクにはそれぞれ一長一短があって、利用に関しては地域的な相違が見られる。また男女による使い分けも見られた。籠はビクに比べると扱い易く、木の葉を手早くつめて運ぶことができたが、一度に運べる量には限度があった。そのため木の葉をさらう山林が自宅に近接している鹿沼市や日光市など足尾山地の山間地や山麓部で用いられた。これに対して一度に大量の木の葉を運ぶことができるビクは、近くに山林がなく、遠くにまで出かけなければならない栃木市東南部や壬生町などの平野部で使用された。佐野市牧では、籠とビクの両方を用いたが、籠は主に女性が使用し、持ち運びに負担がかかるビクは男性が使用した。

木の葉さらいは自分の持ち山か借地で行った。なかには何軒かの農家が共同で山を借りて、木の葉さらいを行うこともある。あるいはムラの共有林で行った。鹿沼市富岡では組内五、六軒が二町歩（約二ヘクタール）の林地を共同で借り、一戸あたり二反歩（約二〇アール）の割り当てで杭を立てて区画し、その中で木の葉さらいを行った。山を借りて木の葉をさらう場合は、借用料を金銭で支払うか、農作業などの手間で返すかを山の所有者と交渉した。一方、共有林で行う場

堆肥舎（鹿沼市上南摩町）

合はムラに対して面積に応じて金銭で支払った。木の葉さらいは、遅くとも翌年の正月頃までに終わらせるものであるとされた。そのために規模の大きな農家では、人を雇って木の葉を集めた。持ち帰った木の葉は、母屋の前庭や畑に積んでおく。あるいは母屋の背後に置かれたキノハゴヤ（木の葉小屋）などに保管した。

②堆肥作り

堆肥は、藁を材料とする家もあったが、一般には木の葉を発酵させて作ったものである。農家で馬や牛を飼育していた昭和三十年代頃までは、集めた木の葉を厩や牛舎に敷き入れて、馬や牛に踏み固めさせ、敷き藁や牛馬が排泄した糞尿と混ぜ合わせた。水分が足りない場合は、そこに風呂の残り水をかけた。この時できたものをマヤゴエ（厩肥、馬屋肥）とか、訛ってマヤゲという。

二、三日ほど過ぎて木の葉が踏み固められたら木の葉を追加し、厩肥が土間の面より高くなったら、フォークやビッチュウグワ（備中鍬）、マンノウ（万能）などで掻き出した。これらの用具は、いずれも木製の柄の先に三本、もしくは四本の鉄製の爪を付けたもので、このうちフォークは洋食器のフォークのような形をしていることからその名が付いた。厩肥に突き刺して、他の場所に移し替える時に使用する。備中鍬は土の耕起に用いる用具であるが、堆肥作りにおいては、土

堆肥の天地返しの様子（鹿沼市上南摩町）

を起こすのと同じ要領で刃先を厩肥に振り下ろして掻き混ぜた。万能は柄の先に鉄製の鋭い爪をほぼ直角になるように取り付けたものである。爪の部分を厩肥に突き刺して掻き出した。また固まった厩肥があれば、爪とは反対側の頭の部分で叩き砕いた。

厩肥は母屋の前の庭や畑の隅、タイヒシャ（堆肥舎）、シノヤ（収納屋）などの建物内に塚状に積み上げておいた。これをマヤゲヅカ（厩肥塚）といった。厩肥には草木灰や化成肥料を混ぜ合わせ、水を撒いたり、藁などで覆ったりすることで発酵させた。フォークや備中鍬、万能などを用いて、積み上げた厩肥を切り崩したり、隣に積み上げて撹拌させたりすることも、この時期の重要な作業であった。こうした撹拌作業をテンチガエシ（天地返し）とかキリカエシ（切り返し）という。厩肥は発酵が進むことで堆肥となった。

種播きの時期が近くなったら、堆肥に大豆粕、魚粕、菜種粕、米糠、乾燥した下肥、草木灰、過リン酸石灰などを混ぜ合わせた。そして、堆肥を何回か切り返しては、その塊を使い古したボウジボ（穂打棒）やフルウチボウ（振打棒）で細かく砕いて、天日でよく乾燥させた。麻の肥料は、他の作物以上に細かく砕くことが重要で、この作業は何回も行った。なかには堆肥をフルイ（篩）でふるって異物を取り除く人もいる。良質な堆肥は、発酵が行き届き、落ち葉の原型を留めないくらい細かくて、さらさらになっているという。麻の播種に使用する堆肥は、特にアサマキケイ（麻播き肥）、アサッケイ（麻肥）などという。

各農家に牛や馬がいなくなると、運んできた木の葉に水をかけて、あるいは酪農家から購入した牛の糞尿を混ぜ合わせることで堆肥にした。

③金肥の購入と肥料の配合

キンピ（金肥）は農家が金銭を出して購入し、使用する肥料のことで、カネゴヤシともいう。代表的なものに〆粕、大豆粕、魚粕、菜種粕などがあるが、なかでも広く用いられたのは、〆粕である。これは、大豆や魚などの油を絞りとった後の滓で、カマス（叺）に入れて売られていた。〆粕や菜種粕を多く入れるとオンガラ（麻殻）までナメッコクなるとか、魚の骨粉を混ぜると繊維の艶が良くなるといわれ、干鰯を臼でついて堆肥に加える人もいた。

鹿沼には、佐渡屋、岡本、小西などの麻問屋があったが、その多くは肥料販売業を兼営し、麻農家には精麻の代金を差し引いた値段で肥料を販売していた。江戸時代後期から昭和時代初期にかけて、麻問屋が買い入れた精麻の一部は、茨城県や千葉県のイワシ漁の網元に販売され、その代金で干鰯を仕入れて、それを麻農家に販売していた。すなわち、麻問屋は、精麻と干鰯を移動させる「ノコギリ商売」を行うことで、利益を得ていた。

各家から出る屎尿は、田畑に設けたコエダメ（肥溜め）に溜めておき、十分に発酵させてから使用した。これをシモゴエ（下肥）とかゲスという。不足分は町家から調達した。それぞれの農家には、懇意にしている家があり、そうした家々を廻っては、ダツオケなどと呼ぶコエオケ（肥桶）にヒシャク（柄杓）で屎尿を汲み入れて、天秤棒や荷車、馬車で運んだ。お礼として自分の家でとれた米や野菜を持参した。他にゲスクミ（下肥汲み）を生業とする人から購入することもあった。下肥は手軽に入手できる肥料として重宝されたが、与えすぎると土壌が酸性となるので、麻の栽培においては特に注意を要した。

大正時代になると〆粕、大豆粕、魚粕、菜種粕などの有機肥料とあわせて、硫安や過リン酸石灰など化成肥料も使用した。これらの肥料は速効性に優れ、麻の栽培においては不可欠なものであったが、多く与えると太くて緑色の濃いアオッツォ（青麻）となり、そこからは良質な繊維は採れなかった。反対に少なすぎると丈が伸びない。土壌の酸度にも気を配り、酸性が強くなると丈が伸びなくなるので古くは草木灰、その後は苦土石灰などを混ぜて調整した。栃木県立農事試験場の肥料の三要素並びに適量試験成績によると、麻の栽培において最も重要なものは窒素であり、不足すると収量が落ちる。次に必要なものはカリウムであるが、与えすぎると繊維が粗硬になる。またリン酸が不足すると成熟が遅れる。概ね窒素一〇に対して、カリウムとリン酸はそれぞれ八ぐらいの割合がよいとされた。

麻は砂礫質の痩せ地が適地といわれ、肥沃な土壌の土地からは強靱で光沢に優れた麻は生まれない。しかし、ホンバ（本場）と呼ばれる良質な麻が生産される足尾山地中山間地では、肥料として大量の堆肥や干鰯を麻に与えている。これは麻にとって適切な土壌といわれる砂礫地に、生育に適した肥料だけを与えることで品質を高めようとした結果である。麻の栽培において重要なことは肥料の成分であって、その意味で痩せ地の方が制御しやすい。本場であっても下肥だけを与えると油気のないぱさぱさとした粗悪な麻となり、逆に麻の栽培には不向きといわれるバチガイ（場違い）であっても、肥料の配合を工夫すると、ある程度の品質の麻ができた。このように肥料の配合は収量や品質に多大な影響を及ぼすので、家長がそれぞれの畑の土壌の地味などを考慮して決めていく。

参考までに栃木県が推奨している「とちぎしろ」の栽培暦の施肥の項目には、一〇アールあたり堆きゅう肥一〇〇〇キログラム、苦土炭カル（炭酸苦土石灰のこと）六〇キログラム、窒素一〇キログラム、燐酸一五キログラム、加里八キログラム。目標pH六・五と記されている。

柄鍬による地拵えの再現
（鹿沼市下永野）

④麻畑の耕起

麻を栽培する畑をオバタケ（麻畑）という。畑は冬のうちに土を起こしておき、春の播種前に砕土して平らにならした。この作業をジゴシラエ（地拵え）という。

このうち冬に行う地拵えは、フユバリ（冬ばり）、フユオコシ（冬起こし）、ハタケオコシ（畑起こし）などといい、秋の作物の収穫が終わる十一月頃、遅くとも寒入り前の畑の土が凍るまでには行った。冬の寒気に土をさらして凍らせるもので、土壌の風化作用を促し、土の塊の破砕と害虫の駆除をはかるために行うものとされる。また、この時期に土を起こしておくと、細かくなった土が冬の間に凍ってバラバラになるので、雑草が生えにくくなるなどその後の作業が楽になった。

昭和十年頃までは、エグワ（柄鍬）やカラスキ（唐鋤）、ウナエグワなどと呼ばれる踏み鋤を用いて、人力で土を起こしていた。踏み鋤は木製の柄の先にヘラ状の刃を鈍角に取り付けたものである。ヘラの先端には鋳物で作られた鉄製の刃を付けて、土を起こす時は、柄を両手で抱えるようにして持ち、刃先を地面にあてたら、足を鋤の踏み台にかけてスコップを扱うのと同じ要領で力強く踏み込んだ。そのためこの作業をフンバリともいった。刃先が一尺（約三〇センチ）ほどの深さにまで食い込んだら、鋤の柄を両手で持って押し下げ、テコの原理を応用させせて刃先の土を反転させた。踏み鋤を使用することで土を深く耕すことができ、麻畑の耕起においては都合が良かったが、この作業は一日に三畝（約三アール）も耕すことができれば一人前といわれるほどの重労働であった。そのため冬ばりは主に男性の仕事とされ、イイッコ（結）で行われた。大正時代末頃になって、刃先全体が鉄でできた踏み鋤が作られると、土の中への突き刺し具合が良かったことから広く普及した。こうした踏み鋤は、重量を少しでも軽くするために刃先に窓が開けてある。

一九三〇年代後半になると、踏み鋤に代わってバコウ（馬耕）、バコウグワ（馬耕鍬）、バコウスキ（馬耕犂）と呼ばれるスキ（犂）も使用されるようになった。これは、牛や馬に犂先を引かせて土を起こす用具で、二人一組で作業を行う場合は、一人がハナドリ（鼻どり）として牛馬の進む方向を制御し、もう一人のバコウドリが後方で柄を持って犂先を土に押し当てた。鼻どりは主に女性や子どもが務め、バコウドリは男性が務めるのが一般的であった。なお、牛馬の扱いに慣れてくるとバコウドリ一人だけでも操作できるようになった。

古い時代の犂は、犂床が長く、土を深く耕すことができなかったので、麻畑の耕起には不向きであった。その後、犂床が無い犂が開発されると、土を深く起こせるようになり、犂を使った耕起が行われるようになる。当初は犂先の方向を変えることができなかったので、畑をまわるようにして土を起こしていたが、大正時代頃になると、松山式や高北式などレバーの操作で犂先の向きが変えられる犂が登場し、縦横方向にまんべんなく土を起こせるようになった。犂の操作にあたっては、技術の伝習を受ける必要があったが、慣れてくると一日に一反歩（約一〇アール）は起こせるようになった。そのため、野州麻の生産地でも、山間部の狭隘地など一部を除けば、踏み鋤にかわって犂が使用されるようになり、麻畑を耕す効率は向上した。

現在、冬ばりは耕耘機で行う。しかし、畑のヨセ（隅）など耕起が難しい場所は、鍬や備中鍬を用いて、人力で土を起こしている。

冬の間に起こしておいた麻畑の土は、翌年の三月頃に、さらに細かく土を砕いた。この作業を春掻き、ハルバリ（春張り）、ハタケカキ（畑掻き）などという。種の発芽率を高めるために土の塊はできるだけ小さくしておいた。現在は砕土機で行うが、それ以前は牛や馬にマンガ（馬鍬）を引かせて土を砕いた。馬鍬で行う場合、一人が鼻どりし、もう一人が台木を地面に押し当てて爪の部分で土を掻いていく。牛馬を所有していない農家では、テマンガ（手馬鍬）を用いて人力で土を砕いた。テマンガには歯が四本のものと六本のものがあり、それぞれヨッ

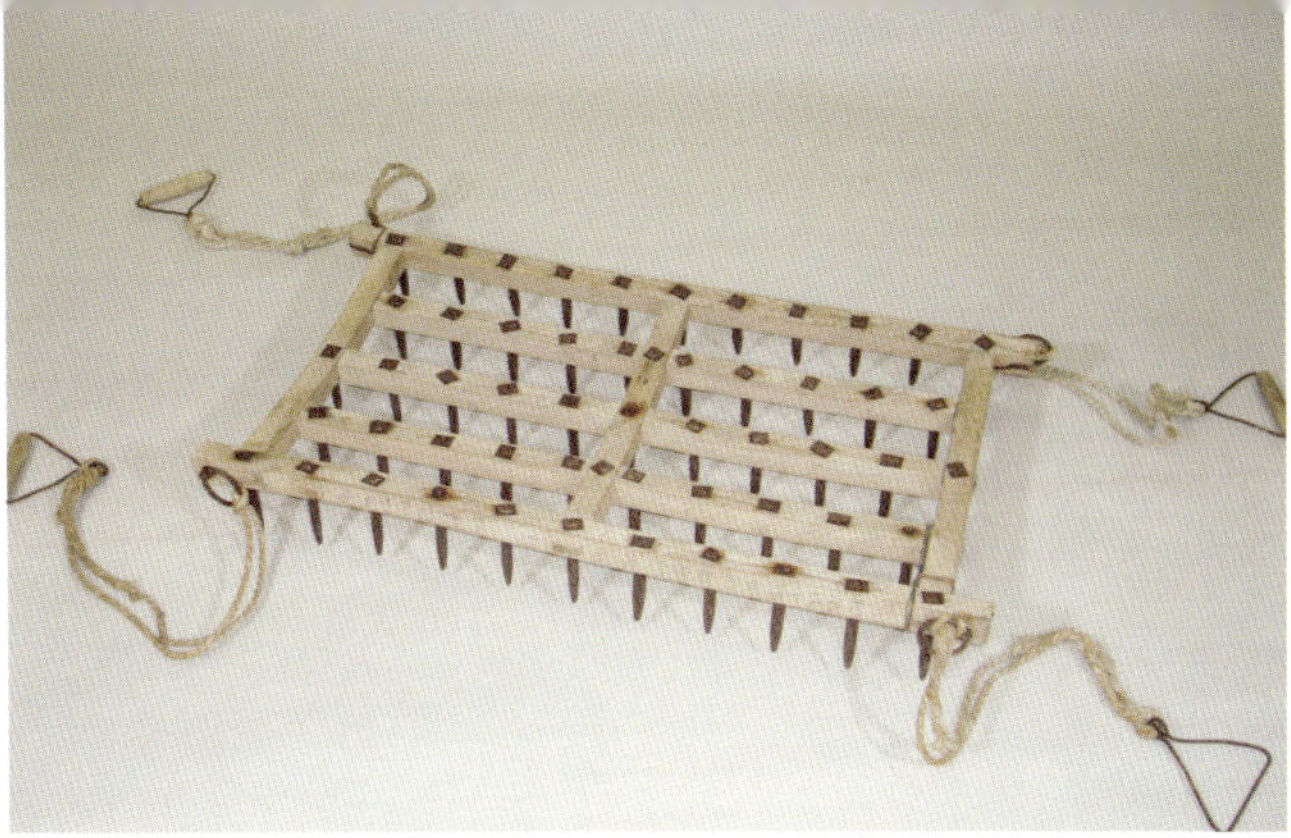

振り馬鍬〈栃木県立博物館蔵〉

ゴ、ムツゴと呼んでいた。

播種の直前には、フリマンガ（振り馬鍬）を用いて、土を平らにならした。振り馬鍬は、格子状の台木の下にたくさんの爪を付けた用具で、二人一組で向かい合い、それぞれが取っ手を持って爪がついた部分を下に左右に放ることで土を掻いていく。作業する二人の息があわないとうまくはいかず、また夫婦で行う場合も多かったので、振り馬鍬のことを「フウフマンガ（夫婦馬鍬）」と呼ぶ人もいた。ある程度、土が細かくなったら、ツブテッコシ、ツブテコワシ（飛礫毀）の板の部分を土に打ち付けて、さらに細かく土を砕いた。

戦後になると、春掻きは、馬鍬よりも大型で歯が多いショウジマンガ（障子馬鍬）を馬に引かせて行うようになった。そして、昭和三十年代以降になると半分に切った障子馬鍬を耕耘機に取り付ける人もみられるようになった。

4 麻の種播きと中耕

①麻の種播き

　麻の種を播くことをアサマキ（麻播き）、タネをオロス（種を下ろす）、タネヒネリ（種捻り）などという。これは、三月下旬から四月上旬の晴天の日で、畑の土の表面は乾いているが、中は湿っているくらいの時に行うのが良いとされる。そのため春掻きが終わってもすぐには播かず、二、三日そのままの状態にしておいて、土がある程度落ち着いてから播種を行う。その間に雨が降った場合は、播種当日にもう一度馬鍬で土を掻いてから種を播いた。鹿沼市では春彼岸の中日頃、佐野市では春の彼岸過ぎから四月五、六日の清明頃[註6]、栃木市では四月三日の神武様の祭り[註7]、壬生町では神武様または清明の前後に種を播いた。また、鹿沼市下永野では、「オマキザクラ（苧播き桜）」と呼ぶ桜が開花する頃を播種の目安とした。栃木市都賀町ではトラの日にはトラヅナ（棺桶の綱）になる、サルの日はサルの尻尾のように麻が赤くなってしまう（品質が悪くなる）といわれ、この二つの日には播かなかった。

　このように播種に適した日は限られており、またウネタテ（畝立て）、ハシュ（播種）、コヤシカケ（肥やしかけ）、ツチカケ（土かけ）と一日のうちに一連の作

註6　清明
二十四節気の一つで、4月5日ごろ。太陽黄経が15度となる時で、春を迎えて、郊外を散策する時期といわれる。

註7　神武様
神武天皇祭で4月3日をいう。初代天皇である神武天皇の崩御日とされ、神武天皇の天皇霊を祀る日。明治7（一八七四）～昭和23（一九四八）年まで国民の祝祭日だった。

播種器を使った播種の様子
（鹿沼市下永野）

業が行われることから多くの人手を要した。そのために、田植などと同様にユイ（結）とかイイッコと称する共同作業によって行われた。

大正時代の中頃まで、麻の種は手で播いていた。はじめにカッサビやサクヒキ、アササクジョウキ（麻作条器）などと呼ぶ農具で概ね五、六寸（一五～一八センチ）の間隔で畝をたてる。カッサビは長さ一・二から二メートルほどの木製の柄の先に金属製のハート型の爪を付けたものである。爪は地元の鍛冶屋が作ったもので、間隔の狭い畝間を掻くのに都合のよい形になっている。柄を持って爪を土に当て、後ずさりすることで土を掻いていく。畑に対して真っすぐに畝が立てられるように、足で筋をつけてから、あるいは畑の端に基準となる縄を張って、それに沿って畝を立てた。畝立ての道具には工夫が見られ、一度に複数本の畝が立てられるように、角木に五、六寸の間隔で複数本の爪を取り付けたものも見られる。これは、周辺の山に生える栗材などを利用して各農家が自作した。

畝ができたら枡などに入れた麻の種を親指、人差し指、中指、薬指の四本の指でつまんで、ひねりながら播いていく。適量を一定の間隔で播くことは難しく、主に熟練した女性が行った。種の量は畑一反歩（約一〇アール）につき四升が目安とされたが、痩せた土地では、播種の量をウスク（少なく）することで麻の成長を促し、反対に肥沃な土地では、播種の量をアツク（多く）して育ちすぎを抑

箕を用いて播種器に種を入れる様子（鹿沼市下永野）

えた。播種の量は、品質や収量に大きく関係するので、一家の主が判断した。

その後、ハシュキ（播種器）、あるいはアサマキキカイ（麻播き器械）と呼ばれる麻専用の種播き器が発明されると、麻の播種は器械で行うようになった。播種器は、種を入れる箱と箱を引っ張る柄からなり、箱には放射状に突起のついた鉄製の車輪と溝を穿つ爪が付いている。ミ（箕）などを用いて播種器に種を入れ、柄を引きながら後ずさりすると畝と溝が作られ、箱の中に入れた種が、ローラーに穿かれた穴にはまり、それらが車輪と連動して回転することで、一定の間隔で種が一粒ずつ下に落ちていく。明治十五年（一八八二）に口粟野村（現鹿沼市粟野）の中枝武雄が発明し、その後中枝式播種器として実用化されると、野州麻の生産地に広く普及した。

播種器を使うことで、畝立てと播種が一度にでき、しかも誰が使用しても、一定の間隔で種を播くことができるようになった。一台で一時間に八反五畝（約八五アール）の播種が可能となったが、これは一五人から二〇人分の作業量に匹敵するものであった。中枝式播種器は、その後赤津村原宿桜内（現栃木市都賀町赤津）の泉田栄太郎（泉田式播種器）や西方村本郷（現栃木市西方町）の鮎田治作（鮎田式播種器）、大宮村平柳（現栃木市大宮町）の巻田貞蔵らに受け継がれた。彼らは、一条播きの播種器を二条播きに改良し、さらには箱の大きさや車輪の

土かけの様子（鹿沼市下永野）

手籠を用いた肥やしかけの様子（鹿沼市上南摩町）

径、ローラーに開けるくぼみの間隔、爪の数などに工夫を加えるなど、地域の実情に応じて播種器を製作した。一方、農家でも種を受ける播種機のローラーに穿った穴を蝋で埋めることで、畑の地力に応じて播種の量を調整した。播種器の製造は、麻の生産農家の減少に伴い、昭和三十年（一九五五）頃を最後に終了するが、野州麻の生産地では、現在も播種器を用いて麻の種を播いている。

②施肥

播種が終わったらタイヒチラシ（堆肥散らし）を行った。通常、作物の元肥は種の下に散らすが、麻の場合は種の上からまき散らした。この時に散らす肥は、堆肥と前述した金肥を配合したもので、一家の長が播種の直前に畑ごとに作っておいた。麻畑にはメツブシカゴ（目つぶし籠）やショイオケ（背負桶）に入れて背負って運んだり、テゴ（手籠）と呼ぶ藁で編んだ容器に入れてから荷車やリヤカーで運ぶか、ショイバシゴ（背負梯子）にくくりつけてから背負って運んだ。

畑では手籠を小脇に抱え、あるいは腰に付けた紐を手籠にかけ、肥を一掴み掴んでは、指で細かくしながら種の上に散らした。手籠は、藁で作った径四〇センチ、高さ三五センチ程の大きさの容器である。畑の地力にもよるが、散らす肥の量は一反歩（約〇・一ヘクタール）につき三〇～九〇個の手籠を必要とした。し

底面の目印。縄で四角形に縫い付けてあるのが、この家の目印

手籠〈栃木県立博物館蔵〉

かし、麻栽培農家では、大抵三〇～四〇個しか手籠を保持していなかったので、不足する分は結仲間が手籠を持ち寄って、お互い助け合ったものである。そのため、どの家の手籠かがわかるように、藁紐で四角形や五角形、星形などの家印（目印）を底に付けておいた。

なお、手籠に入れた肥をさらにケツミザル（肥摘笊）に移してから播く人もいる。肥摘笊は、径五〇センチ、深さ二〇センチ程の底の浅い竹製の容器である。地元の籠屋が編んだものに、曲がり具合の良い枝を付けて把手とした。肥摘笊一杯分で手籠にして半分の量の肥を入れることができる。堆肥散らしを行う時は、これを小脇に抱えるか、把手を持って肥を畑にまき散らした。佐野市秋山ではスベアミ（素灰網）も用いた。素灰網は篠竹から作られた炭とスバイの選別、そして炭の運搬用具であるが、細かな肥を畑に散らすために、フルイ（篩）の代わりとして素灰網に麻肥を載せて煽ることもあった。

施肥が終わったら畝の高まりを足で払い、種の上に土をかけていく。この作業をツチカケ（土かけ）という。鹿沼市引田では、堆肥散らしは肥摘笊で男性が行い、その後の土かけは女性の仕事とされた。また、同市中粕尾では堆肥散らしと土かけは女性が行った。

一番掻きの様子（鹿沼市加園）

二番掻きの様子（鹿沼市加園）

③麻畑の管理と中耕

麻は播種後十日前後で発芽する。発芽して間もない頃はヤマガラ、ウズラ、ヒワなどに食べられてしまうので、麻畑に案山子や鳥追いテープ、鳥除けネットなどを付けて回避した。特に芽が黄色い頃までは注意したという。ある程度成長して、葉に青みを帯びてくると鳥は来なくなる。また、ヨトウムシ、アサゾウムシ、アサノミハムシなどの防除のため農薬を散布しておく。特にヨトウムシを放置しておくと、一晩のうちに丸坊主にされてしまう。フキノメイガの幼虫のズイムシの被害も甚大で、葉の裏に産卵し孵化すると茎を食い破って中に入ってしまうので、卵を見つけたら駆除しておく。麻の生育期にはハモグリバエにも注意が必要である。

発芽後二週間ほどが過ぎて、麻の丈が四、五センチになったら一回目の中耕を行う。この作業をイチバンガキ（一番掻き）という。麻の成長を促すために行う畝間の除草と土寄せの作業で、土を用具で掻くように起こすことから、アサカキ（麻掻き）、アササクリ（麻さくり）、サクヒキ（さく引き）などと呼ばれている。一番掻きから二週間ほどが過ぎて、麻の丈が一〇〜一五センチになったら二回目の中耕であるニバンガキ（二番掻き）を行う。成長した麻に合わせて、一番掻きで使用したものより爪の大きな用具を使用する。

カッツアビ〈栃木県立博物館蔵〉

中耕は二回が一般的であるが、三回行う人もいる。その場合は、一回目の中耕は麻の丈が一寸（約三センチ）の頃、二回目の中耕は三寸（約九センチ）の頃、三回目の中耕は五寸（約一五センチ）に成長した頃に行った。

昭和二十年代頃まで、中耕はカッサビで行っていたが、その後、畝の幅に合わせ複数の爪を取り付けた用具を用いることで、一度に複数の畝を掻くことができるようになった。鉄製の爪を除けば、自然木や竹から作られた自給用具で、カッツアビ、サクヒキ、オオザク、コザク、アササクリ、ウネヒキなどさまざまな名前で呼ばれている。例えば、鹿沼市深程の麻農家が使用したカッツアビは、柄の先端部の上下に大きさの異なる爪を取り付けて、それを反転させることで一番掻きにも二番掻きにも対応できるようにした。また、栃木市都賀町のサクヒキは、一本の棒を途中まで縦割りにし、Y字形にした先端部のそれぞれの先に鉄製の爪を付け、一度に二つの畝を掻くことができるようにした。佐野市仙波のコザクは、木製の柄の先端に長さ一〇センチの鉄製の爪を四つ付けたものである。鉄の部分も含めてすべて自家製で、コガキ（小掻き）と呼ぶ一番掻きで使用した。なお、オオガキ（大掻き）と呼ぶ二番掻きには一本爪のオオザクを用いた。爪の数が多いほど効率が上がるように見えるが、鹿沼市引田の傾斜のきつい畑では爪の数は二本が限度であったという。また一番掻きよりも麻が伸びた二番掻きの用具の方が爪の数は少ない。他にも作業が楽にできる様に柄に持ち手を付け、さらに持ち手に麻縄を付けた用具も見られる。より深く土を掻きたい時は、台木の上に重石をつけた。

いずれの用具も柄を両手で持ち、爪の部分を土に当て、後ずさりしながら畝間の土を掻いていく。その際に麻を踏まないように気を配り、裸足で作業する人もいた。雨や露に濡れて倒れたり、土にはり付いていたりする葉を見かけたらオコシボウ（起こし棒）と呼ぶ竹の棒で起こしておく。

一番掻きにあわせて、アサスグリ（麻すぐり）も行う。クズやオクレといわれる成長の遅れたものや極端に長すぎるもの、茎の色が濃厚なものを引き抜く作業で、アサヌキ（麻抜き）、クズトリ（屑取り）、クズヌキ（屑抜き）、アサソウゴともいった。麻すぐりは、いわゆる間引きの作業で、麻の丈を揃え、植栽の間隔を整えた。引き抜いた麻は、ネソ（寝麻）と呼び、そのまま畝間に寝かせておいた。麻すぐりは、収穫前に何回か行うが、栃木市都賀町では田植の時期と重なることから、一回しかやらなかった。また、佐野市秋山では、手で麻の種を播いていた時代は必須の作業であったが、播種器を使うようになるとやらなくなった。

麻が成長する時期は夕立が多く、強風で麻の茎が曲がったり、折れたりすることがある。麻は曲がると商品としての価値が下がるので、倒れた麻はすぐに起こして、数本を一つにまとめ麻すぐりの際に引き抜いた麻で縛っておいた。また根元の土を固めて倒れないようにした。この作業はアサオコシ（麻起こし）といい、家族全員で行った。

しかし、ひとたび雹害にあうと、葉が叩き落とされて、あるいは茎が折れるなど壊滅的な打撃を受ける。そのため群馬県板倉町の雷電神社や鹿沼市草久の古峯神社など氷嵐除けに霊験あらたかな神仏に麻の無事成長を願った。麻畑に雷電神社の御札をさした高さ二メートルほどの竹竿を立てるのは、この高さまで麻が無事に育って欲しいという願いが込められたものである。それでも災害にあってしまったら、麻の倒伏や幹折の状態にもよるが、引き抜いて再度麻の種を播き直すか、他の作物を育てなければならなかった。

5 麻の収穫

①収穫

麻は、播種後九〇日で高さ二三〇センチほどに成長し、収穫ができるようになる。この頃になると、茎や葉がやや黄色くなり、対生に出ていた葉が互生となる。そこから四、五寸（一二〜一五センチ）伸びた頃が収穫の適期ともいわれて

収穫のころの麻畑（鹿沼市下永野）

いる。麻の収穫作業をアサキリ（麻切り）という。これは、梅雨が明けた六月下旬から八月上旬までの良く晴れた日に行う。始めにアサヌキ（麻抜き）を行い、ネキリ（根切り）、ハブチ（葉打ち）、ナマソマルキ（生麻まるき）、ユカケ（湯かけ）までの工程が一日のなかで連続して行われる。これらは日中の炎天下を含む早朝から深夜にかけての作業であり、かなりの重労働であった。その中でも麻切りは労力を要するために人を雇って行う家もあった。

アサキリハジメ（麻切り始め）は、播種後一一〇日前後が一つの目安とされ、早すぎると十分な長さの麻が得られず、遅れると繊維の光沢が失われ粗剛となる。麻の収穫後に稲を植える栃木市東部が六月下旬頃と最も早く、鹿沼市では七月中旬から八月上旬、壬生町では七月中旬の天王祭の頃、佐野市では七月中旬から八月下旬の頃に行う。麻切りは、まず麻を抜くことから始める。それは、麻の茎や根は腐りにくく、特に収穫後の畑に小豆や蕎麦を作る農家では、残しておくとその後の耕作に影響が出てしまうからである。

麻抜きは、両手で麻の茎をおおよそ五、六本掴んで引き抜く作業である。この時、畝に対して少し斜めの方向に引くと抜きやすかったという。栃木市では麻抜きは三人一組で行った。一人が麻をひと抱えにして茎のなかほどを、もう一人が茎先を持って、二人が力を合わせて一気に引き抜いた。抜き取った後に残る丈の

積み上げられた塚（鹿沼市下永野）

麻抜きの様子（鹿沼市下永野）

短い下麻は、別の一人が抜き取った。その際に同じくらいの丈の麻を選んで引き抜いた。またオレッソ（折れた麻）も区別しておく。麻抜きは主に男性の仕事とされ、年寄りや女性は下麻を抜き取った。

引き抜いた麻は、根についた土をよく払い落としてから根の方をX字状に交差させて、畑に積み重ねた。これをツカ（塚）という。塚がある程度高くなったらアサキリボウチョウ（麻切り包丁）、もしくはオキリボウチョウ（苧切り包丁）と呼ぶ刃渡り五〇センチほどの片刃の刀で、根と葉を切り落とした。右手に麻切り包丁、左手に麻を一束持ち、まず麻切り包丁を振り下ろして麻の根の部分を切り落とし（根切り）、次いで刃をスライドさせることで葉を削ぎ落とした（葉打ち）。その際に茎に傷がつかないように注意した。

麻切り包丁は、野州麻の生産地によく見られる収穫用具で、鍛冶屋から購入した。一本あれば数十年は使用でき、何代かにわたって麻を生産している農家では、それぞれの代が自分専用の麻切り包丁を持っている。ただし、使用しているうちに切れ味が悪くなるので、毎日研いで手入れをした。そのために使うほどに刀身は薄く、短くなっていく。戦後すぐの頃で、一丁一二〇円から一三〇円で売られていた。

麻切り包丁は、野州麻の生産地域と北海道など栃木県からの技術指導を受けた

葉打ちの様子（鹿沼市下永野）

根切りの様子（鹿沼市加園）

地域で使用されている。他県で使用されている木製や竹製の道具では、すぐに切れ味が悪くなり消耗が激しい。野州麻の生産地域で使用されている麻切り包丁は、大量生産に適した用具といえる。

近年は、コンバインを改造した機械や刈払機で麻を収穫し、チェンソーで麻の根元を切断する人もいる。その場合でも、葉打ちには麻切り包丁を使用した。根切りや葉打ちは男性の仕事とされた。

②麻まるき

根切りと葉打ちが終わり、茎だけの状態になった麻をナマソ（生麻）という。生麻は、大人が抱えることができる直径三〇～四〇センチほどの束にして、モト（根元）の部分をソロエダイ（揃え台）で揃えてから、ウラ（先端）とモトの二カ所をナマソマルキナワ（生麻まるき縄）、あるいはナマソイッツラ（生麻いっつら）と呼ぶ藁縄で結わえた。この作業をナマソマルキ（生麻まるき）、ナマソタバネ（生麻束ね）、アオソマルキ（青麻まるき）という。鹿沼では、生麻まるきは「嫁の仕事」といわれた。

その束にシャクゴ（尺ご）やシャクヅエ（尺杖）、シャクボウ（尺棒）などと呼ぶ計測用具を当て、押し切りでウラの部分を規格の長さである六尺五寸（約一九

生麻まるきの様子（鹿沼市下永野）

押し切りで規格の長さに裁断する（鹿沼市下永野）

五センチ）、下駄の鼻緒の芯縄として出荷する場合は、七尺～七尺二寸（約二一〇～二一六センチ）で切り落とした。他の生産地では、長さを切り揃えることはしない。そればかりか広島県では根も切り取らずに加工にまわす。野州麻の生産地では収穫量は少なくなるが、繊維が弱いウラを除くことで、麻の価値を高めることにつながっている。

この工程のなかで使用される揃え台、生麻まるき縄、尺ごは、生産者が自作した自給民具である。このうち揃え台は、縦横九〇センチ程の板で、ベニヤ板などで作っておく。生麻まるき縄は九〇～一二〇センチほどの藁縄である。揃え台の横にナワカケ（縄かけ）と呼ぶY字形の木の棒を突き立て、そこに引っかけておくと作業しやすかった。尺ごは生麻を一定の長さに切り揃えるための物差しで、竹製のものと木製のものとがある。一方に、L字状になるように横木を取り付けて麻のモトを当てる部分とした。反対側には押し切りを置くが、動かないように押さえを付けたものも見られる。

6 麻の生産

①湯かけ

湯かけの様子（鹿沼市加園）

押し切りで切り揃えた麻は、その日のうちにカマバ（釜場）に運び熱湯につけた。この作業をユカケ（湯かけ）といい、麻の収穫が終わる午後三時頃から始まり、深夜にかけて行われる。終わらない場合は翌早朝に行った。鹿沼市引田では、一日に収穫した約一〇〇束の生麻を湯かけするのに、およそ五時間を要したという。

湯かけには、アサブロ（麻風呂）とかテッポウオケ（鉄砲桶）と呼ばれるドラム缶三本分の水が入る大型の桶が使われた。湯かけには大量の水を必要とし、最初に汲み入れた水の他に、湯かけの途中にも水は減っていくので、実際にはその何倍かの水を必要とした。その上、水は毎日取り替える必要があったので、湯かけは、川や用水堀が近くにあるような水回りの良い場所で行った。湯かけを行う場所をカマバ（釜場）、ユカケバ（湯かけ場）という。鹿沼市引田では山から水を引いたり、家の横を流れる山沢を利用したりした。井戸水が容易に利用できるようになると母屋の前に釜場を築くようになった。鹿沼市加園では、かつては近くの河原に釜場を設けていたが、その後、家の裏にある井戸にホースをつないで水を得るようになった。釜場の設置を行うことを壬生町では「鉄砲釜をふせる」といった。佐野市秋山では七月上旬の

湯かけを上から見た様子（鹿沼市加園）

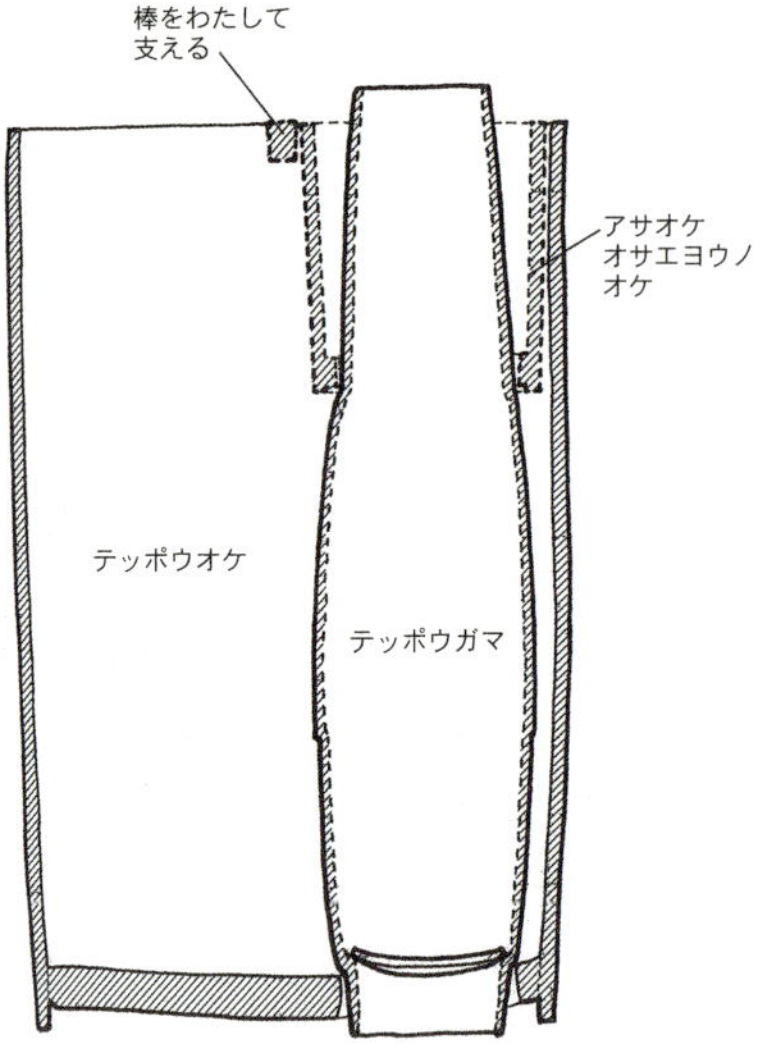

湯かけの模式図（大沼正代氏作成）

農休み終了後に釜場の準備を行った。

一般に桶は、長い間使用しないでおくと木が縮み、隙間ができて水漏れしてしまう。そのため、水に浸して木を膨らませてから使用する。麻風呂の場合も同じで、前もって川の中に二、三日浸し水漏れがしなくなってから使用した。そうした準備をフセコミという。佐野市秋山では、水漏れを防止するために小川や堀の流れにひやしこんだ。その際に桶の上にはコモ（菰）をかけ、時々桶を回転させながらひやした。

鉄砲釜は、鉄砲桶のなかに立たせて使うもので、最大径は三〇～三五センチ、高さは一三〇センチ強の中程が膨らんだ筒状の用具である。他に栃木市などでは、燃やし口の付いた鉄砲釜も見られる。アサガマ（麻釜）という人もいるが、大砲の筒のような形をしていることから鉄砲釜の名称の方が一般的である。多くは鉄製であるが、稀に銅板で象ったものもある。

湯かけをする時は筒の中に薪を入れて火をつけた。薪は火力の強いマツが好まれ、佐野市三好ではこれをユカケマツ（湯かけ松）と呼んだ。また鹿沼市ではユカケマキ（湯かけ薪）ともいった。燃料の薪は山仕事で採ってくるか購入した。マツが手に入らない時はスギを用いた。薪が燃える時に出た熱が鉄砲釜を通して

現在の湯かけの様子（鹿沼市下永野）

鉄砲桶の水に伝わり湯を沸かした。なお、鉄砲釜の下部にはロストル（火格子）があり、燃え尽きた薪は下に落ちるようになっている。

麻桶押さえ用の桶は、鉄砲桶に鉄砲釜を固定する用具で、テッポウガマオサエヨウノオケ（鉄砲釜押さえ用の桶）、マゴオケ（孫桶）ともいう。鹿沼市亀和田町ではこれをチョウズバチ（手水鉢）と呼んだ。底板に開けた穴に鉄砲釜の上部を差し込み、側面に渡した木の板で鉄砲桶に押さえつけて鉄砲釜が動かないようにした。湯かけをする時は、麻桶押さえ用の桶にも水を張っておき、鉄砲桶に入れた水と一緒に湯を沸かした。そして、鉄砲桶の水が少なくなったら、麻桶押さえ用の桶の底板に設けた栓を抜いて、中に入った湯を継ぎ足した。こうすることで、鉄砲桶の湯の温度を下げることなく、効率よく麻の湯かけができた。この桶は鉄砲桶とセットで地元の桶屋から購入した。

規格の長さに裁断した生麻は、背負梯子につけて釜場に運んだ。普通は一度に二、三束つけたが、なかには五、六束つけて運んだ人もいた。これは男女の別なく行った。釜場に着いたら湯かけを行う。鉄砲桶に入れた水が沸騰したら、はじめに生麻のモトを湯につけ、一〜二分ほどしたらひっくり返してウラも同じく一〜二分ほど湯に浸した。ひっくり返す時は、軍手やボロ布で熱さを防いだが、なかには素手で行う人もいた。あるいは利き手にアシナカ（足半）を付ける例も見られる。湯に浸す時間が重要で、短いと麻が青くなり、長いと品質が落ちた。その加減が難しく、作業は主に家長が行った。鉄砲桶の中には、常時二束の生麻を入れておき、交互に作業すると効率が良かった。生麻は湯につけることで、鮮やかな緑色になる。

これと別に、佐野市秋山や栃木市惣社町などでは、ヨコガマ（横釜）と呼ぶ長さ二・五メートルほどの鉄製、もしくはトタン製の舟型の容器で湯かけを行った。その場合は、庭先に土を掘り下げて、あるいは常設の竈を築いて横釜を載せた。薪をくべて下から燃やすことで横釜を温め、水が沸騰したら生麻を横に寝かせて一～二分程湯に浸した。

なお、ニハギ（煮剥ぎ）と呼ばれる皮麻を作る場合は、生麻を横にした状態で四十分程煮た。生麻を裏返したり、取り出したりする時は、生麻を結わえている生麻まるき縄にテカギ（手鉤）の爪の部分を引っかけて持ち上げた。この方法は、鉄砲桶を用いた湯かけに比べると楽であったといわれるが、あまり普及しなかった。

近年は、桶職人が少なくなり、タガの交換など鉄砲桶の維持管理が難しくなったことから、鉄製の容器を作って、そこで湯かけを行う人もいる。

『大麻栽培用具並びに作業絵図』(部分) 明治38年〈中枝明美氏蔵〉

②麻を湯につけるということ

湯かけは、皮の組織を熱湯で傷めて乾燥を早め、かつ皮の色を白くするために行うものとされる。また、湯かけが終わった生麻を十分に乾燥させることで、長期保存が可能となった。これは大量生産を行う上でも重要であった。湯かけをすると、よく麻が引けるようになるといわれ、この時できる精麻の色や質も湯かけの具合に左右されることから、野州麻を作る上で、極めて重要な工程とされる。真夏の夜、釜の筒からたなびく炎と煙は、この地方の夏の風物詩であった。

麻は全国各地で作られていたが、湯かけの工程が見られるのは栃木県、群馬県、福島県、長野県、北海道ぐらいである。したがって、湯かけに用いる鉄砲桶や鉄砲釜はこれ以外の地域には存在しない。このうち北海道や長野県のものは、栃木県の人々の技術指導によって導入されたものであり、福島県でも一般的な用具とはいえない。

野州麻の生産地で、いつから湯かけを行うようになったのかは定かではないが、明治二十五年(一八九二)に鹿沼周辺の麻作りの様子を描いた『麻栄業図』(光信作)や明治三十八年(一九〇五)に中枝武雄によって描かれた「大麻栽培用具並びに作業絵図」には鉄砲桶や鉄砲釜を使った湯かけの場面が描かれている。したがって、明治時代中期にまで遡ることができるのは確かである。また、鉄砲桶や鉄砲釜を使わない簡便な湯かけの方法として、群馬県では「大釜を据え付けて湯をわかし、大きな木のトヨをかけて、その上に麻を載せ、煮え湯を柄杓で汲んでは麻にかけた」ことが記録されており、これに当たる用具と思われるものが福島県の奥会津博物館にツバガマ、オオブネの資料名で収蔵されている。

『麻栄業図』（部分）明治25年〈福田純　氏蔵〉

鉄砲桶や鉄砲釜などの湯かけの道具からは、野州麻の生産地の人々の知恵と工夫を見ることができる。

③麻干し

湯かけをした生麻は、翌日の朝から三日ほど天日で干す。これをアサホシ（麻干し）という。風通しの良い河原や家の前、麻を抜いた畑などを干し場とし、地面に着かない様に丸太や竹を敷いた上に生麻を広げた。その際に重ならないように注意した。佐野市秋山では、朝は高くなっている方を西に向けて干し、十一時頃になったら生麻の下を通した棒をひっくり返して、今度は東向きになるようにした。これをアサカエシ（麻返し）という。夜は雨や露に濡れないように軒下に

麻干しの様子（鹿沼市下永野）

麻干しの様子（鹿沼市加園）

取り込むか、その場に立てて莚などで覆い、翌日に再び広げた。雨に当たると、ハクロと呼ぶ黒い斑点ができて品質が落ちてしまうので、降りそうな時はすばやく取り込んだ。近所で助け合い、外で遊んでいる子ども達も駆けつけて取り込むのを手伝った。天候が不順で生麻が干し上がらない時は、かびを防ぐために再度湯かけをした。これをニバンユ（二番湯）という。さらにサンバンユ（三番湯）をかけることもあった。近年は、ビニールハウスの中に干すことで雨の心配はなくなった。

これとは別に干しあがって白茶色に乾いた生麻を、天気の良い日を見計らって二番湯にかける人もいる。二番湯は一日で干し上げる。

生麻は天日で干すことで、緑色から白茶色に変化する。十分に干し上がった生麻はキソ、もしくはシメソ（〆麻）という。これを直径四五センチほどの束にして、アサマルキナワ（麻まるき縄）で縛り、次の工程であるトコブセ（床臥せ）まで母屋や雨屋、納屋の天井裏など乾燥した場所に保管しておく。キソは、長期間保存することができた。

④床臥せ

床臥せは、麻の皮を発酵させる工程であり、茎の皮を剥ぎやすくするために行

床回しの様子（鹿沼市加園）

麻槽〈栃木県立博物館蔵〉

う。はじめに天井裏などに保管しておいたキソの束を下ろして、作業しやすいようにに四、五束に分けて結わえ直す。そして、水を張ったオブネ、アサブネ（麻槽）と呼ぶ長さ二三〇センチ、幅五〇センチほどの木製、もしくはコンクリート製の舟形の容器の中にくぐらせ一回転させた。この作業をトコマワシ（床回し）という。麻は一度発酵させてしまうと保存がきかないので、その分量は数日後に行うアサハギ（麻剥ぎ）やアサヒキ（麻引き）を行う人出の数など一日に作業できる量を考えて慎重に行う。

床回しの終わったキソの束は、一度立てかけてよく水を切ってから莚の上に重ねた。その上に濡れた莚や菰を被せると床内の温度が上がり、早くて二晩、遅くとも三晩も寝かせておくと発酵が完了する。麻を臥せておく場所はオトコバ（麻床場）、トコバ（床場）、オドコ（苧床）、アサドコ（麻床）などと呼ばれ、母屋の土間や納屋の片隅があてられた。熱を逃がさないために壁に束ねた稲藁や藁菰を立てかけ、土間に杉の葉を敷き詰める家もある。

発酵には、適度な温度と湿度が必要で、温度が低いとうまく発酵しない。逆に高いと腐ってしまう。三五度前後が適温といわれている。また湿度が低いと発酵までに時間がかかる。そのため気温や湿度が低い時は、莚や菰を幾重にもかけて発酵を促した。一日に二回、朝と晩に筵や菰を外して再度床回しを行うこともあ

麻の発酵を促している様子（鹿沼市加園）

る。発酵が行き届いた状態をニエル（煮える）というが、よく煮えた麻は触ると少し暖かく、なめらかで、つるつるとしている。発酵が足りないと光沢のないミズッパゲの状態となり、逆に発酵が進みすぎると腐ってしまう。頃合いを見てトコアゲ（床上げ）とするが、この見極めには、長年の経験を必要とした。

床回しに適した時期は、気温が一六度から二四度ぐらいの時で、八月下旬から九月中旬と翌年の四月、五月の二期が最も良い時期といわれる。床回しができるのは十月末頃までで、厳冬期には行わない。そして、春になって気温が高くなったら再び床回しを行う。「山吹の花盛り」の頃が良いという。しかし、近年はビニールハウスの中に暖房を入れて、冬に床回しを行う人もいる。その一方で夏期は異常気象の影響もあって、温湿度の管理が難しくなっているという。

麻の発酵には、麻槽に入れた水も関係する。発酵がうまく行かないことを「麻が腹をたてている」という。そういう時は、発酵の調子の良いところから麻槽の水を分けてもらった。これを種にして床回しを行うと発酵がうまくいく場合もある。麻槽に入れる水は水道水ではなく、井戸水か河川水を使用した。水は毎日替えることが推奨されていたが、農家によって一日おきに汲み替える、一日一回替える、一日半分ずつ替える、汚れたら替えるなどさまざまな方法がとられた。

麻から皮を剥ぐ方法は多岐にわたる。野州麻の生産地では床臥せによる方法、

宮城県で行われている浸水発酵
（宮城県栗原市）

いわゆる堆積醗酵法が行われているが、宮城県や福島県などでは浸水醗酵法が行われている。これは麻を冷水に浸して発酵させるものである。現在も両地域では用水路や各家に設けた消雪池に収穫した麻を沈めておき、発酵したら取り出して皮を剥ぐ。あるいは単に雨露にさらしただけでも皮を剥ぐことはできる。この場合、麻槽のような特別な用具は必要とせず、費用はかからない。しかし、外気の温度に左右され、発酵に要する時間が読めない。そして品質にもむらが生じる。

一方、広島県や滋賀県など概ね岐阜県以西の地域と岩手県、青森県などでは蒸気で蒸すことで麻の皮を剥ぐ。これには箱蒸しと桶蒸しの二つの方法があるが、広く行われていたのは桶蒸しである。これは大きな釜に口径八〇センチ、高さ一三〇センチほどの桶をかぶせて蒸し上げるものである。火をつけて数時間もすると皮が剥ける状態になる。したがって、これらの地域にも麻槽は存在しない。

⑤麻剥ぎ

麻の茎から皮を剥ぎ取る工程である。麻が十分に発酵したら床からあげた麻を簀子の上に広げ、茎の径が一センチぐらいのものなら二、三本、それよりも細いものであれば五、六本の麻を掴みとり、根元から一〇センチぐらいの所を折って、そこから皮を剥いでいく。これをヒトサッパという。品質のよいものは二本

麻剥ぎの様子（鹿沼市下永野）

ぐらいを掴んでゆっくりと丁寧に剥いだ。こうしたものはコザッパといい、薄くて透き通る精麻となる。これに対してまとめて多く剥いだものをオオザッパといい、厚くてごわごわとした精麻となる。皮は「の」の字になるように重ねておき、きれいな水で湿らせてから、柵などにかけて軽く水を切っておく。

麻剥ぎは午前中に行い、午後に次の工程である麻引きを行った。しかし、麻の煮え具合によっては、早朝から始める場合もある。夜のうちに麻剥ぎをして、翌日早朝から麻引きを行うこともあったが、その間にも麻の発酵は進むので、注意が必要である。その場合は、川の水によく浸してから麻引きを行った。

麻剥ぎは、主に男性が行った。皮を剥いだ後に残ったオガラ（麻殻）は、建築材や火薬の原料として用いられる。この工程で出た短い麻幹も取引の対象となった。

⑥麻引き

麻引きは、野州麻の精麻を作る時に行う工程で発酵して柔らかくなった皮からカスを削り取り、繊維を取り出す作業である。もとは、テビキ（手引き）と称して手作業で行っていたが、昭和四十年代になってアサヒキキ（麻挽機）が導入されると、次第にキカイビキ（機械挽き）で行うようになった。手で麻を引いていた頃は、剥いだ麻の皮と引いた後のカスを溜めておくためのアサヒキバコ（麻引

麻引きの様子の再現（鹿沼市上南摩町）

き箱）、麻を引く時の台として使うアサヒキダイ（麻引き台）、麻の皮をこすりとるヒキゴ（引きご）を使用した。他に腰掛けて作業するためのコシカケ（腰掛）、麻引き箱にたまったカスを一つにかき集めるオアカヨセを使用する人もいた。

麻引き箱は板を組んで作った底の浅い箱で、オヒキバコ（苧引き箱）とも呼ばれている。多くは幅五五センチ、奥行き七〇センチ前後の四角型であるが、佐野市や日光市には手前から見て切り込みがあるものも見られる。周囲に付けた木枠には同じ高さのもの、後部の方が幾分高くなっているもの、右下部に木枠を取り付けていないものなど、いくつかのタイプがある。また、麻引き箱を長持ちさせるために内側に鉄板をはったものもある。麻引き箱は大工に依頼するが、使いやすいように自作する人もいた。

麻引き台は麻を引く時に使う傾斜を付けた台で、オヒキダイ（苧引き台）とも呼ばれている。麻引き台には木製の台の上に板を張ったものと、無垢材でできたものとがある。前者は、アサヒキイタ（麻引き板）と呼ぶ板を台に竹釘で固定し、消耗したら張り替えられるようにした。この張り替え用の板をアテッキともいい、ヒノキ、ウメ、スモモなどの木質が堅くなった部分が用いられた。中でも山中の岩に突き出た所に生え、幾分湾曲したヒノキが最適といわれ、山に出かけた折りに見つけると伐採して使用した。麻引き板は、自作することもあったが、

麻引き台。右は万年板と呼ばれる〈いずれも栃木県立博物館蔵〉

麻引きの季節になるとやってくる行商人から購入することもあった。この場合は、年輪が詰まって堅くなっているものを選んだ。後者は、板を張り替える手間を省いたものであるが、先のアテッキと同様に木質が堅いヒノキが使用された。しかし、麻を引く際に引きごが当たる部分は消耗が激しく、窪んでしまうので、大工に削ってもらう。これは、長年使用されることからマンネンイタ（万年板）とも呼ばれる。

麻を引く時に使用する引きごは、鉄の板を半円筒状にしたもので、手で握る側は内側に折り曲げてあり、持った時に痛くならないように工夫されている。これは近くの鍛冶屋から、あるいは行商人から購入した。金属製の引きごが使用されるようになったのは大正時代以降で、それ以前は竹製の引きごが使用された。これは輪切りにした真竹を釜で茹で上げ、これを半分に割り、側面を鎌で削って刃をつけたものである。この竹製の引きごは二枚の麻を引くと刃が欠けてしまうので、その場合はさらに鎌で削って刃を立てた。効率は悪いが、引いた時の麻の艶は竹製の引きごの方が優れていたという。

麻引きは、母屋の板の間や縁側、畳を上げた座敷、広間などで行った。部屋の南側の日当たりの良い場所で行うと、引き終わった麻の状態をよく見ることができた。はじめに麻引き箱を置き、その中に麻引き台を設置する。次に剥いだ麻の皮を麻引き台の前方の突起にかけ、利き手に引きご、反対側の手で麻の手前を持ち、麻を引っ張りながら引きごを手前側から向こう側へと強くこすった。これを何度か繰り返すことで、腐って柔らかくなった表皮やカスが取り除かれ、繊維を取り出すことができる。取り除いたカスは、オアカ（麻垢）、オッカス（麻滓）、アサクズ（麻屑）などと呼ばれ、麻引き箱の片隅に寄せておき、ある程度たまったら井戸端や川端で洗って繊維を取りだした。この仕事は、子どものよい小遣い稼ぎとなった。

麻引きは女性の仕事だった。八月中旬頃から引き始め、床臥せができる十月末頃まで行う。しかし、盆の費用とするために盆前から下麻など屑麻を引く人もいる。年内に引けなかった麻は翌年の四、五月に引く。こうした麻をハルソ（春麻）という。

麻引きの作業は皮を剥いで一時間ほど過ぎた頃が最も適しており、二時間を過ぎると麻が白く変色してしまい、良い製品にはならなかった。麻引きは時間との闘いであり、最盛期の九月初旬から一〇月初旬になると一日あたり四、五人の人手を要したという。家族だけでは間に合わないので、人手を雇って麻引きを行った。こうした人をヤテイサマ（雇い様）と呼んだ。一般に麻引きにおける一日の仕事量は一人あたり一二把（一把は床臥せの時の一束）とされ、一〇～一二把引

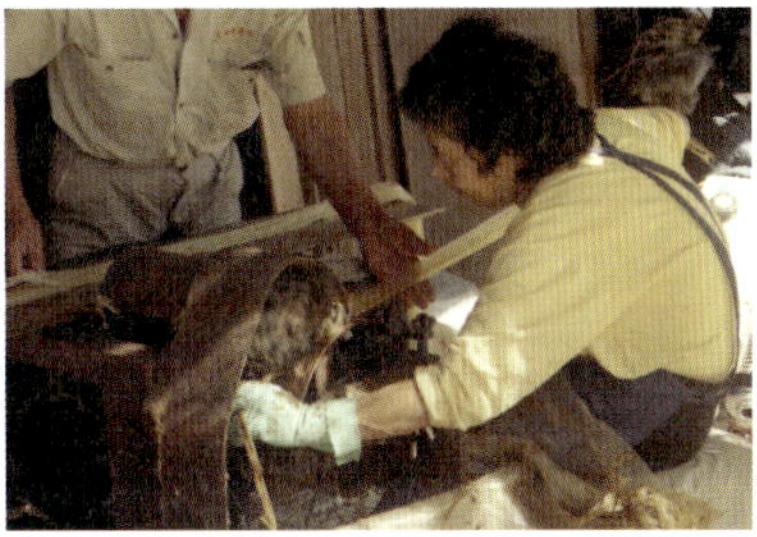
機械引きの様子（鹿沼市上南摩町）

けて一人前とされた。しかし、熟練した人になる二〇把ぐらいは引けたという。

その後、昭和四十年代になって電動の麻挽機が普及すると、作業時間の短縮と作業の軽減がはかられた。始めのうちは、手引きに比べ引き上がりの品質が悪く、安い価格で取引されていたが、機械の性能が良くなったことで、また使用者が機械の扱いに慣れたことから品質の高い精麻ができるようになった。

機械による麻引きの作業は二人一組で行う。一人が機械の前に座り、ペダルを踏んで銅板と刃の間隔を広げ、銅板の上に剥いだ麻を一枚ずつ貼るようにして置く。ペダルを戻すと銅板と刃の間隔が狭くなるので、刃が麻に当たるようになったらもう一人が銅板の回転にあわせてゆっくりと麻を引き出す。

これを中央から半分ずつに引いていく。ペダルの踏み具合によって、刃の当たり方がきつすぎると繊維が傷み、ゆるいと麻垢が繊維に残ってしまう。二人の呼吸が大切で、慣れないと品質の高い精麻は作れなかった。銅板は減りやすいので、二、三年に一度は鉄工所で旋盤にかけて平らにした。また刃も時々交換するか研ぎ直した。そのままにしておくと、麻が毛羽立ち品質が落ちてしまう。

精麻干しの様子（鹿沼市下永野）

⑦精麻干し

麻引きが終わった麻は、オカケザオ（麻掛け竿）に掛けて、三、四日、長い場合で一〇日ほど陰干しした。この作業をセイマボシ（精麻干し）、アサホシ（麻干し）、オカケ（麻掛け）などという。麻を干す場所はホシバ（干場）といい、母屋の茶の間や座敷が用いられた。天日で急に乾燥させるとコワク（硬く）なって品質が落ちるので、屋外に出すことはなかった。その際に規格より短い精麻や筋が入ったもの、ハクロと呼ぶ黒い斑点があるものははじいておく。同じぐらいの品質の精麻をまとめ、長さを切りそろえるなどして出荷に備えた。

鹿沼市では、長さ二間（約三六〇センチ）ほどの麻掛け竿を、掛けやすい高さに天井から吊し、一枚ごとに風を通しながら掛けた。ほぼ二つ折りになるように二、三枚ずつ重ねて掛けていく。一部屋に数本の竿を掛けて干した。

7 麻の種の取得

種取り用の麻をタネソ（種麻）という。大麻取締法制定以前は自家で自由に麻の種を採っていた。これは、麻畑の周囲に生えた成長しすぎて、良質な繊維が採れない麻から採った。こうした麻をホトリアサ（辺麻）という。最盛期にはそれ

種麻を干す様子（鹿沼市下永野）

種麻。枝葉を広げ花が多く付くように間隔を開けて播く（鹿沼市下永野）

だけでは間に合わず、種採り用として別の畑に作る人もいた。

辺麻は七月を過ぎても収穫せずに、そのままにしておく。成長を続けると麻の背丈は伸び、茎は太くなる。そして開花する。麻は雌雄異株であるが、結実しない雄株（ハナソ）は花が咲き終わったら抜き去り、雌株だけを残しておく。収穫は十一月頃に行う。種がついている先端部だけを草刈り鎌で刈り取り、納屋などに立てかけておき天日でよく乾燥させる。よく乾いたら筵の上に広げ、クルリボウ（くるり棒）やマメウチボウ（豆打棒）、量が少ないときはツチンボウで叩いて種を落とす。この作業は、庭先や畑で行う。

脱穀後の麻種は、篩にかけてゴミと種とを選別する。さらにトウミ（唐箕）に二回ほどかけて選別し、種だけを取り出す。種は大まかに大、中、小の三段階に分けておくが、一番良いのはチュウミ（中実）であった。より分けられた麻種は、天日で三日ほど乾燥させてから筵に広げ、足で揉んで薄皮を取り除く。最後に箕で煽ると薄皮が飛んで、実入りのよい種が残る。麻種はネズミなどの被害にあわないようにフクベや石油缶などに入れて次の年まで保管した。少量の場合は、麻布や紙にくるんでからフロシキ（風呂敷）に包み、納屋の梁などに吊しておく。

現在は、栃木県の管理の下、無毒の「とちぎしろ」という品種のみが、種採り

唐箕による実の選別の様子（鹿沼市上南摩町）

実の脱粒の様子（鹿沼市上南摩町）

用の畑で栽培されている。六月頃に手で種を播くが、その際に種を播く間隔を広くとり、枝葉が十分に伸びるようにした。花が咲いたら雄株は抜き去り、雌株だけを残しておく。十月になると県による検査があり、十月後半の天気のよい日に収穫する。

8 麻の出荷

①麻の等級

農家にとって、野州麻は貴重な現金収入源であった。古くは岡地麻、引田麻、板東、永野東など産地による銘柄があり、結束の単位も異なっていたが、取引においては不便をきたすようになったため、栃木県では昭和八年（一九三三）に麻検査規則（栃木縣令第四六号）を定め、結束および品質の統一をはかった。これにより、精麻の結束の単位は四〇〇匁（一・五キログラム）となった。等級は、長さ六尺（約一八〇センチ）以上を標準とし、極上、特等、一等、二等、三等、四等、五等、等外の八つの等級に分かれていた。一方、皮麻の結束の単位は五〇〇匁（一・八七五キログラム）で、上級品は長さ七尺（約二一〇センチ）以上を標準とし、特等、一等、二等、三等、等外の五つの等級に分かれていた。参考ま

表1 麻の銘柄による使い分け(大正11年)

銘柄	産地	用途	特徴(結束方法)
引田麻 把　麻	東大芦 西大芦 加蘇(一部)	釣糸	この地で生産されるもののうち最優良品を選んで結束したもの(それ以外は引束として結束)。国内産出の精麻の最優良品とされる。全生産量の2、3割を占める。 精麻4サッパを一玉に結び、15玉で小曲を作り、さらにこれを6個あわせて1束とする。
岡地束	粟野 南摩 清洲	釣糸	この地で生産されるもののうち良質の物を選び束ねたもの。色沢は銀白色で、細美だが、引田麻・把麻よりやや強靭力は劣る。 精麻4サッパを合わせて、根元より6寸程のところを指でひねり、その中の1本を全部でくくり、これを8個から12個集めて小島田を作り、さらにこの小島田を6個集めて1把とする。普通1把の重さは200匁ぐらいである。
引　束	鹿沼町周辺 東大芦 西大芦 加蘇 菊沢 北犬飼 北押原	軍用 魚網	品質のばらつきは大きい。東大芦、西大芦、加蘇で産出されるものは繊維にやや淡褐色を帯びるが、強靭力に優れ品質は高い。その他の地域の精麻は品質が劣る。全生産額の3割を占める。 乾燥した精麻を中央より折り曲げ、折り目より4寸先を1サッパの麻で結ぶ。1島田の重さは120匁程度で、これを45島田ぐらい合わせて1束とする。
板　束	板荷周辺 5、6村	軍用 魚網	繊維は赤黄色で強靭力に優れる。全生産額の約1割を占める。 乾燥した精麻を中央より折り曲げ、折り目より7寸ぐらいのところを結束して島田とする。1島田の重さは220から240匁ほどで、これを22、3個あわせて1束(約5貫)とする。
長　束	南摩 粟野	織物 細糸	岡地束を選んだ後のもの。繊維は銀白色で、強靭力に優れる。全生産額の1割程度である。 精麻の根元を4サッパずつ稲苗で結び、全長のまま乾燥させたものを取り外し、長いまま約4.5貫を集めて8ヶ所を結束して1束とする。
岡　束	西方 北押原 下都賀郡全域	軍用 (上品) 下駄鼻緒の芯縄	繊維は白色で美しいが、やや粗剛で強靭力に欠ける。全生産額の4割を占める。 ひいた麻4サッパを1束として、根元の5寸ぐらいのところを稲苗で結ぶ。そのまま乾燥させたものを中央より折り曲げ、折り目より1寸5分ぐらいのところを結束し、約50島田ほど集めたものを1束とする。
永野束	永野 安蘇郡全域 下都賀郡(一部)	軍用 下駄鼻緒の芯縄	繊維の強靭力に優れ、色沢もよい。岡束と比較して品質が高い。全生産額の1割ないし1割5分である。 精麻の根元1寸ぐらいのところを稲苗で結ぶ。乾燥させたものを1島田7、80匁ぐらいとして中央部より折り曲げ、折り目より3寸ぐらいのところを結束して50島田ぐらいをあわせて1束とする。

(『栃木県史 史料編近現代4』の資料に基づき筆者が一部加筆・修正したもの)

でにそれぞれの区分の特徴（各等級の最下位品）は以下の通りである。

■精麻

〈極上〉最も光沢に富み、清澄なる黄色か黄金色。手ざわり、調整、乾燥すべてに最もすぐれ、繊維が強力なもの。

〈特等〉光沢に富み、清澄なる黄色か黄金色ないし銀白色。手ざわり、調整、乾燥に最もすぐれるもの。

〈一等〉光沢に富み、帯緑黄色か黄金色または銀白色。手ざわり、調整、乾燥にすぐれるもの。

〈二等〉光沢があり、淡黄色か銀白色。手ざわり、調整、乾燥にすぐれるもの。

〈三等〉光沢に乏しく、灰黄色か灰白色。風虫病雹害による傷がみられ、手ざわり、調整、乾燥が普通のもの。

〈四等〉光沢はほとんどなく、灰黄色か灰白色。風虫病雹害による傷がみられ、手ざわり、調整は不良で、乾燥は普通のもの。

〈五等〉光沢、外傷、手ざわり、調整は四等に次ぎ、乾燥は普通のもの。

〈等外〉五等に次ぐもの。

■皮麻

〈特　等〉油分に富み、清澄なる光沢があり、帯緑黄色か暗緑黄色。茎質、手ざわり、調整、乾燥にすぐれるもの。

〈一　等〉油分があり、帯緑黄色か暗緑黄色。茎質はややすぐれ、手ざわり、調整、乾燥にすぐれるもの。

〈二　等〉帯緑黄色か暗緑黄色または帯褐緑色。茎質は普通で、手ざわり、調整、乾燥にすぐれるもの。

〈三　等〉暗緑黄色か帯褐緑色または暗褐緑色。茎質、手ざわり、調整はやや劣り、乾燥は普通のもの。

〈等　外〉三等に次ぐもの。

その後、問屋や仲買人が見た目の印象でもって、等級を付けるようになった。例えばA問屋は品質の高いものから極上、丸上、一等、等外、B問屋は極上（甲・乙）、丸上（甲・乙）、一等（甲・乙）、二等（甲・乙）、等外などと区分していた。なかでも等級が高く、高値で取引されていたのは、黄金色で新聞の文字が透けて見えるくらい薄く引かれたものであり、麻農家ではそうした精麻の生産を目指して

計測の様子（鹿沼市加園）

いた。これをウスカワというが、年にとれても一、二把ぐらいであったという。

②野州麻の結束・銘柄

麻が干し上がったら、重さを計測し、規格の形に結束した。色や艶、麻の引き具合を見て同じような品質の麻を分けておき、竹製のハサミ（鋏）で取り上げて、出荷の単位である四〇〇匁（一・五キログラム）にそろえた。計測はアサノハカリ（麻の秤）と呼ぶ専用の秤で行った。これはサオバカリ（棹秤）の一種であるが、四〇〇匁だけを測れればよいことから錘は固定され、目盛りはない。横棒に精麻を挟み水平になった所が四〇〇匁となる。尺貫法が廃止されてからも、しばらくは古い単位で取引され、麻問屋がキログラムの単位に括り直してから販売していた。

四〇〇匁の束ができたら、シャクゴ（尺ご）を当てて幅を揃え、二つ折りにした部分に近い所と二つ折りから三分の一ぐらいの所の二カ所を麻縄で縛った。この束をシマダ（島田）と呼びヒトマゲ、フタマゲと数える。島田とは日本髪において最も一般的な女性の髷をいい、束ねた麻の形状が島田髷に似ているところから呼ばれたものである。見栄えの良い島田を作るのは難しく、熟練の年寄りの仕事とされた。島田が完成したらアサマルキダイ（麻まるき台）に重ね置き、それ

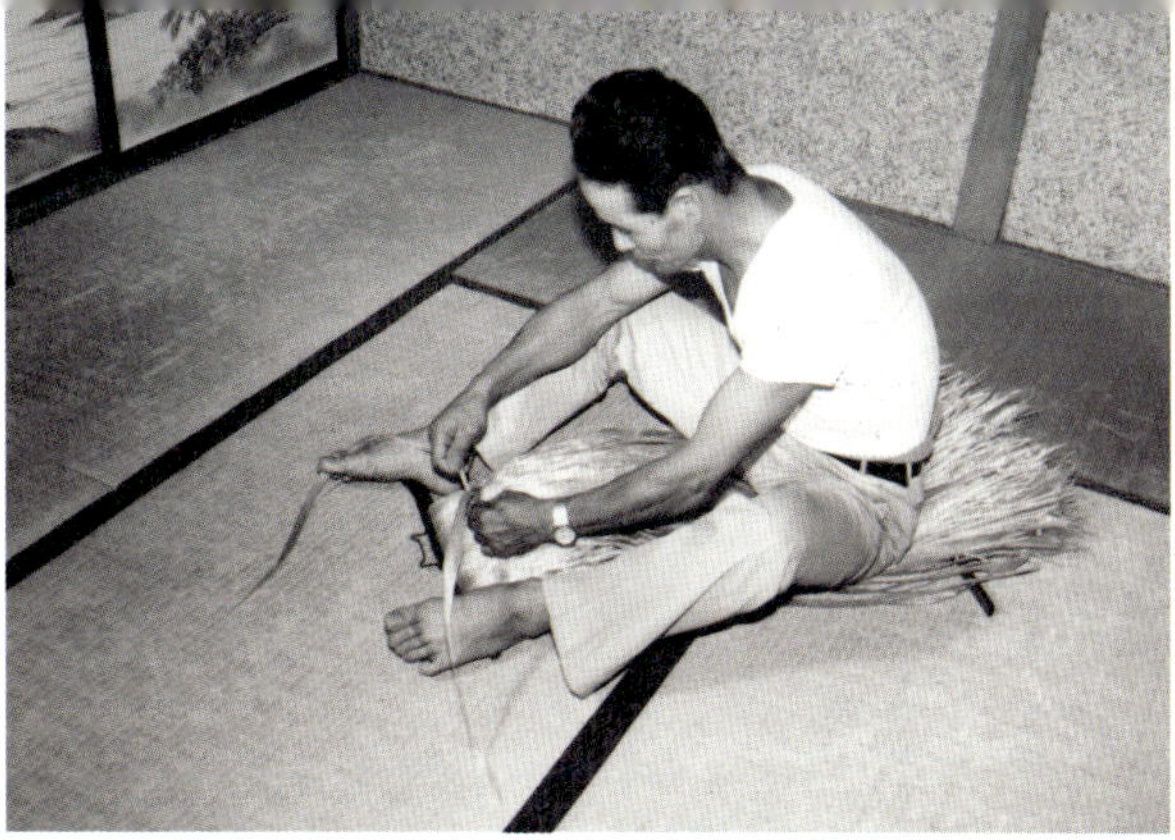

結束の様子（鹿沼市下永野）

が一〇束になったところで縛り上げる。これをイッパ（一把）といい、重さ四貫目（一五キログラム）が取引の単位となる。一把は俗にサンゼンサッパといわれ、精麻三〇〇〇枚からなるといわれている。

③野州麻の出荷

精麻は倉庫や納屋にしまっておき、適当な時期に仲買人に売却した。仲買人は麻問屋と麻農家の仲介を行い、その口銭で生計を立てている人である。農家から購入した麻は問屋に直接、または麻市を通して売却した。農家からはアサカイ（麻買い）と呼ばれていた。

八月中旬になると仲買人が麻引きの様子を見に来る。この時期、盆前の小遣い稼ぎとして、下麻など短尺の麻を引いて売る人もいる。本格的に売買されるのは盆過ぎ以降で、この時期になると毎日のように仲買人が買い付けに来るので、そうしたら値段の交渉を行う。一般にその年の最初の取引の精麻は、若干高い値段で買い取ってくれる。

麻は価格変動が大きな作物である。農家にとっては、どのタイミングで売却するかは重要だった。新聞でその日の相場を調べておいて、交渉にのぞむ人もいる。しかし、なかにはヒキウリ（引きうり）といって、麻を引くやいなや仲買人

精麻（400匁）〈栃木県立博物館蔵〉

に売ってしまう人もいる。すぐに換金したいという農家の事情によるものだが、その場合は安い値段で買い叩かれた。その点、ある程度まとまってから売却した方が、農家にとっては有利だった。麻引きが終わる十一月以降も精麻の売買は続く。その場合、売買価格は農家と仲買人の微妙な駆け引きで決まる。

仲買人との取引の様子（鹿沼市下永野）

仲買人は、それぞれ懇意にしている農家があり、そうした家々を自転車やオートバイで回った。農家では、「買いに来た人に売る」という態勢でいたが、顔見知りの方が商談はまとまりやすかった。仲買人の立場で言えば、農作業に出ていない朝や昼時、夕方が交渉の狙い目で、よく晴れた日が選ばれた。雨の日は湿気で麻が重くなるからだという。また午後の太陽の光に当たると実際の品質以上に麻がよく見えてしまうので、午前中に取引するのがよいとする仲買人もいる。

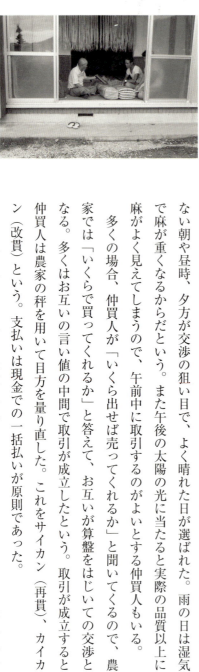

多くの場合、仲買人が「いくら出せば売ってくれるか」と聞いてくるので、農家では「いくらで買ってくれるか」と答えて、お互いが算盤をはじいての交渉となる。多くはお互いの言い値の中間で取引が成立したという。取引が成立すると仲買人は農家の秤を用いて目方を量り直した。これをサイカン（再貫）、カイカン（改貫）という。支払いは現金での一括払いが原則であった。

昭和八年（一九三三）に麻検査規則が成立すると、農家では地区内の学校など指定された場所に麻を持参して、あるいは各家で等級検査を受けなければならなかった。検査は食糧事務所の検査員の手によって行われた。検査が終了すると、等級別に検印が押された。しかし、検査を受けずに出荷する人も多かった。検査に手数料がかかる上に、検査の結果によっては取引価格が下がってしまうことがあるからである。こうした麻も取引はされていたが、特に第二次世界大戦中から昭和二十七年(一九五二)の統制作物になっていた時代には、警察に見つかると没収されたので、夜になってから運んだり、下肥を入れる桶に入れて運んだりした。

コラム——野州麻のノコギリ商い

江戸時代中後期、九十九里浜でイワシ漁が盛んとなり、漁網用の麻が大量に必要となると、板荷村(現鹿沼市板荷)の麻商人福田弥右衛門は、江戸商人を介した麻商いよりも、九十九里浜へ麻の行商に出かけて直接網元に販売した方が実入りもよいと判断し九十九里浜に麻商いに出かけた。

馬の背につけ板荷村を出立し、思川の壬生河岸まで運び、そこから舟で思川・利根川を下り、小見川河岸(現千葉県香取市小見川)で陸揚げし、馬を雇って八日市場の富谷町(現千葉県匝瑳市富谷)まで麻荷物を運ぶ。「鹿沼屋」と称する商家を拠点とし、浜方廻りと称して近在の網元の所に麻の行商に出かけたのである。

こうした中、江戸後期になると板荷の麻商人瀬兵衛は、空身で帰るのではなく、網元たちが作る干鰯を買い求め、板荷村に戻り麻農家に販売するようになった。干鰯は、イワシを干して乾燥させた後に固めた肥料である。従来、肥料として用いられた草木灰や人糞等に比べ、肥料として効果の高い干鰯が注目されるようになったのである。

ところで鹿沼地域の麻畑は、ジャリッパタといわれるように痩せ地であり、麻生産農家では施肥に関心を寄せていた。一方、日本最大のイワシの漁獲地である九十九里浜は、干鰯の一大生産地となり販売に躍起になっていた。板荷の麻商人は、麻を求める九十九里浜の網元と、干鰯に期待する鹿沼地域の麻生産農家の要望を巧みに捉えたのである。こうした九十九里浜と鹿沼地域との双方の商いを、木材を挽くノコギリの動きにたとえ「ノコギリ商い」と言った。お陰で江戸後期の鹿沼の麻商人の蔵には、年中麻か干鰯が保管され、蔵が空になることは無かったという。なお、ノコギリ商いは、明治期になっても行われていたという。（K）

Ⅳ

野州麻栽培生産における特有な用具

大麻播種器による種播き（鹿沼市下永野）

麻の栽培生産が自給を目的とした福島県奥会津では、麻の栽培面積は一反歩（〇・一ヘクタール）に満たない。そのために栽培生産は手作業を主体とし、麻栽培生産専用の用具といえば剥いだ麻の表皮を取り除く苧引き金や苧引き台、オヒキブネ（苧引き舟）くらいであり、他の農作業のものと兼用することが多かった。それに対し、麻を貴重な現金収入源とした野州麻生産地では、麻の栽培面積が広い上に、少しでも多くの、かつ良質な麻の生産に力を注いだ結果、野州麻生産地ならではの用具の開発・導入が行われた。麻の種播き器、麻切り包丁、アサブロ（麻風呂）、引きご等は、野州麻栽培地ならではの用具である。

ここではこうした用具がどのようにして製作されるに至ったのか、その経緯や、製作にあたった人々の工夫や努力を紹介したい。

1 大麻播種器の発明と改良

野州麻生産の上で最も利用価値の高い農具の発明は、大麻播種器、いわゆる麻の種播き器、通称ハシュキと呼ばれる農具ではなかったろうか。麻の種播きは、もともと手播きであり、真っすぐにしかも均等に播くには熟練を要した。それが大麻播種器であると種播きが容易となり、しかも作業能率も格段に向上した。ち

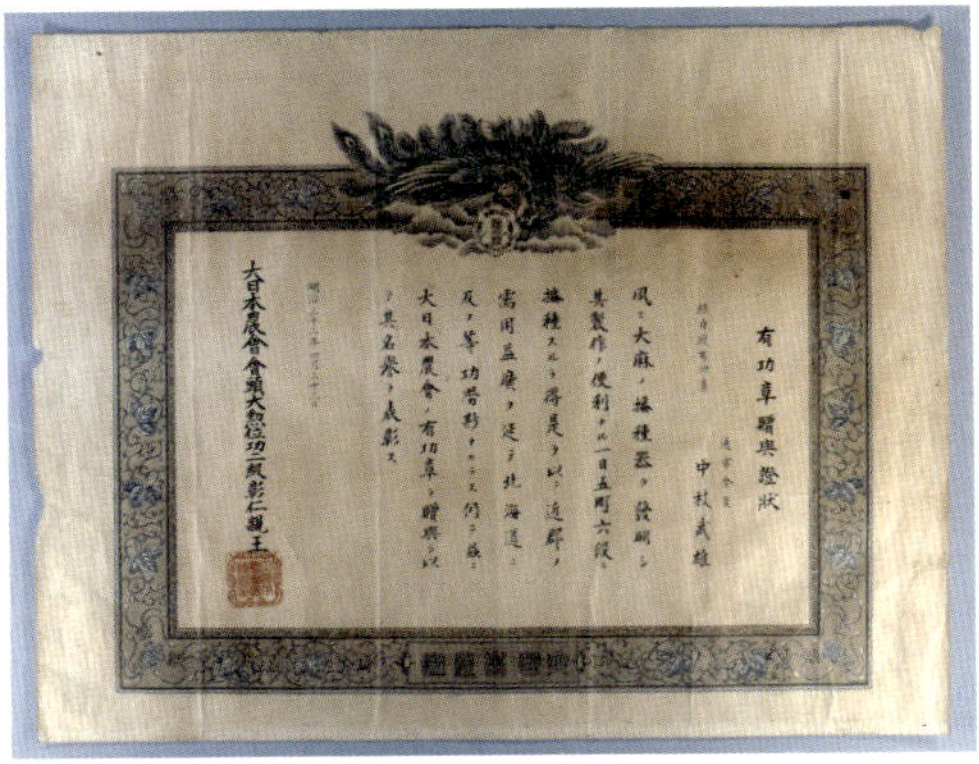

有効章贈与證状（粟野町口粟野）〈中枝明美氏蔵〉

註1　中枝武雄の父の名の「武躬」については、「中枝武雄『履歴書下調』明治三十七年九月二十七日　中枝家文書」による。なお、粟野町誌「粟野の歴史」には大貫武躬の名が「武助」とある。

なみに大麻播種器の発明者中枝武雄が「大日本農会頭」よりいただいた「有功章贈与證状」の文面に、「一日五町六反ヲ播種スル」とあり大麻播種器の便利さをうたっている。また、現在、鹿沼市下永野で野州麻の生産を手掛ける一般社団法人日本麻振興会代表理事の大森由久氏は、「六〇アール（六反）くらいの面積ならば、午前八時に作業を開始すれば十一時には播き終える」という。大森氏は現在四町五反歩（四・五ヘクタール）余もの麻の栽培を手がける日本一の麻農家であり、「大麻播種器がなかったら四町五反歩余もの麻の栽培はできなかった」ともいう。それほど大麻播種器は、野州麻農家に多大な影響をもたらしたのである。

①中枝式大麻播種器の発明

中枝式大麻播種器の発明者である中枝武雄は、嘉永六年（一八五三）九月二十七日口粟野村（現鹿沼市口粟野）の中条兵庫知行所の名主大貫武躬《おおぬきたけみ》の長男として生まれる。（註1）なお中枝の姓は、幕末に第十五代将軍徳川慶喜が大政奉還した際に、主君の中条氏より賜ったものという。慶応三年（一八六七）九月一四歳の時に父武躬に代わって名主となり、明治七年（一八七四）には家督を相続、明治十三年（一八八〇）には口粟野村村会議員に当選し、大正六年（一九一七）に辞するまで議員として地域発展のために活躍した。大正十二年（一九二三）四月二十二日に

中枝式大麻播種器〈栃木県立博物館蔵〉

没す、享年七〇歳であった。

この間、彼は政治家だけでなくモグラとり器械や木製の製糖器および石製の製糖器を発明するなど発明家でもあった。中でも地域の産業発展に一番貢献した発明品は、麻の種播き器であった。なお、武雄は、後年、明治百年記念栃木県農業先覚者として顕彰録に搭載された。

ところで中枝武雄の種播き器の製作は、簡単にでき上がったわけではない。明治十五年（一八八二）一月に何とか大麻播種器の発明にこぎつけたが、試しに用いたところ使用に絶えず、それから数十回の改良を加えて、明治十八年（一八八五）三月にようやく実用に耐えるものを作りあげた。しかし武雄にとってはまだ満足できる種播き器には至らず、その後も改良を加え明治四十二年（一九〇九）になってようやく完成の域に達したという。

栃木県立博物館に中枝式大麻播種器が三台収蔵されている。それらには大正三年（一九一四）、大正五年（一九一六）、大正十年（一九二一）とそれぞれ製作年が記されている。完成の域に達し自信を持って販売した大麻播種器なのであろう。これらの構造について見ると、主要部分は、麻の種を入れる箱と箱の両側についた車輪、それに箱に取り付けた長い柄からなる。箱には内箱が納められ底に麻種の落ち口が四カ所ないし五カ所設けられ、また、箱の進行方向側下部には畑

註2　溝を引くための爪の数。中枝式大麻播種器には、5枚とりつけたものがあるが多くは4枚である。泉田式大麻播種器や鮎田式、巻田式もほとんどは四枚である。爪の数が多ければ播種量が多く播く速度も速くなるが、それだけ播種器を引っ張る力を要することから四枚が最適な数となったようだ。

播種器の種の落ち口
ローラー　爪　溝　播種の模式図

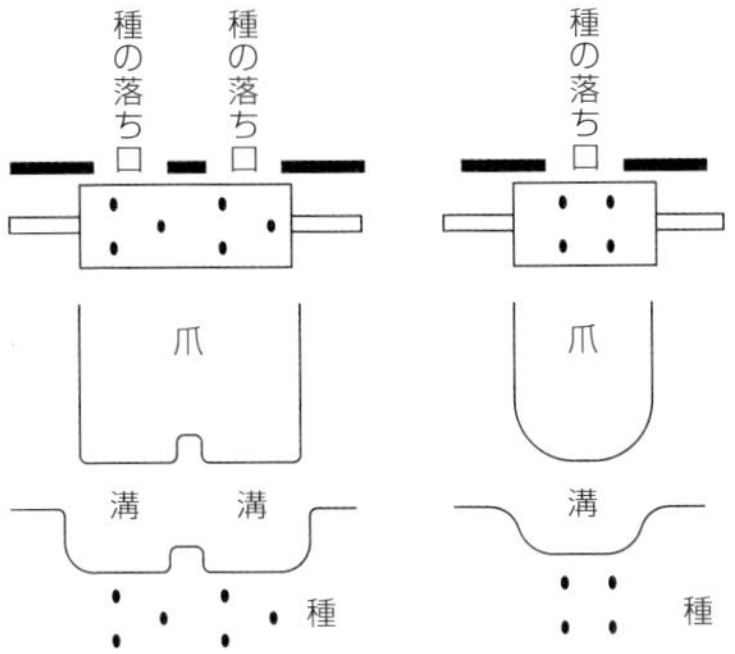

中枝式大麻播種器

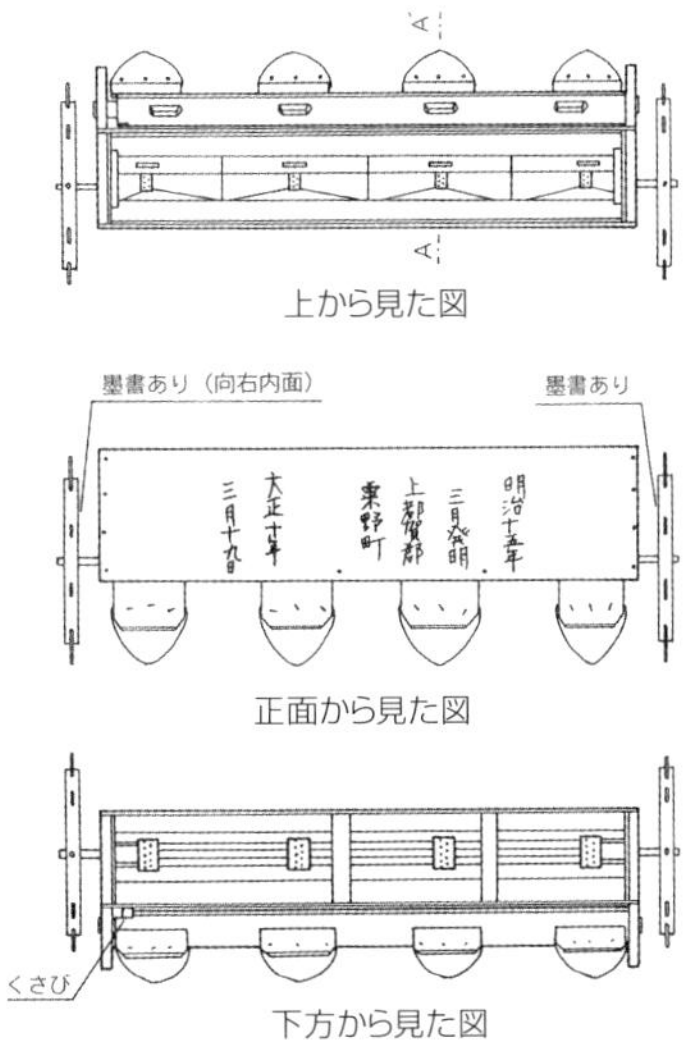

内箱の落ち口断面図

にサク（溝のこと）を引くための爪が落ち口の数にあわせて四枚ないし五枚取り付けられている。(註2) 箱の内箱の下には両端に取り付けた車輪の車軸が通り、この車軸には内箱の落ち口から麻種が均等に落ちるように麻種大の大きさに穴を穿った木製のローラーが落ち口の数に合わせて差し込まれている。ローラーには、二列に穴が穿ってあり、一本の溝に種が一つの落ち口から畑に二列に落ちるようになっている。このように一本の溝に二列一組の一条で種を播く播種器を一条播きという。

大麻播種器の大まかな構造は、こんなものであるが、彼なりのこだわりや工夫も見られる。内箱の落ち口の進行方向側に動物の皮、および馬の毛のブラシを貼り付けた。麻種が落ち口からローラーに穿った穴にスムーズに入り込むための仕掛けである。また車輪は、木製の円盤に鉄の棒を放射状に取り付けたものであり、やわらかな土の畑でも鉄の棒が地面に食い込み車輪が空回りすることなく回転するように

中枝式大麻播種器
第三回内国勧業博覧会出品記念作品
〈中枝明美氏蔵〉

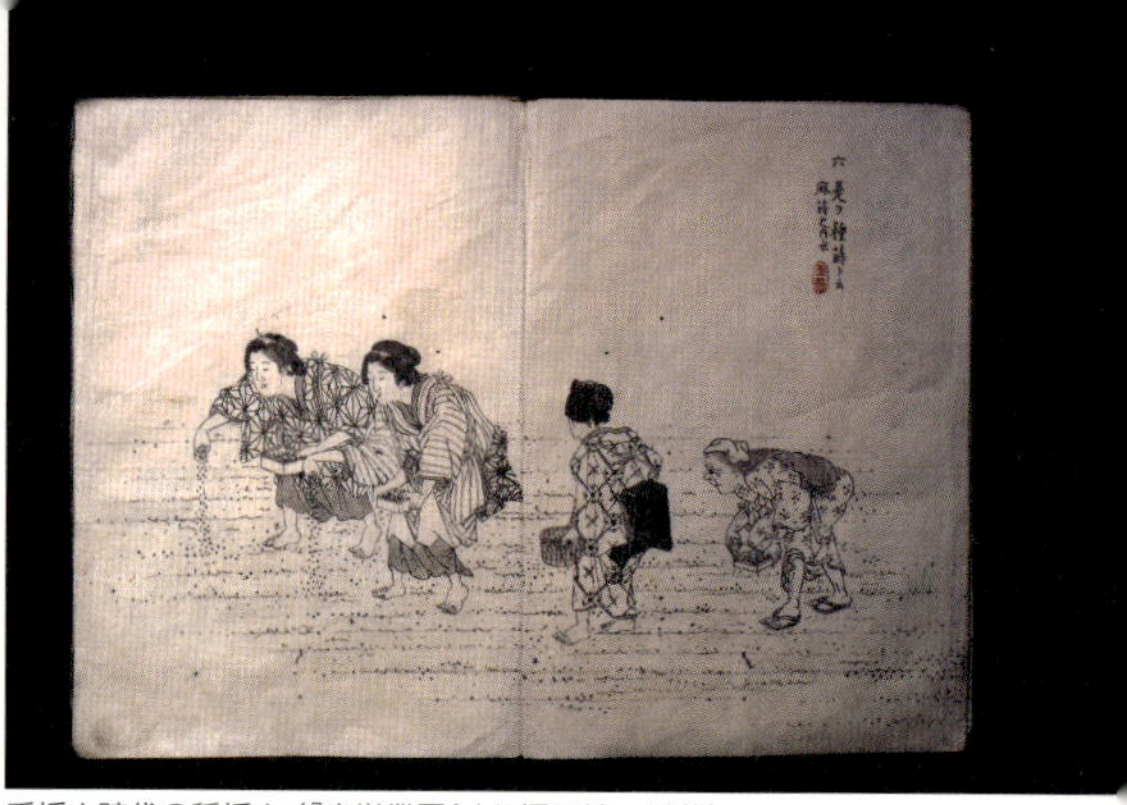

手播き時代の種播き〈『麻栄業図』より福田純一氏蔵〉

なっている。

中枝武雄が大麻播種器を発明したのは、明治十五年（一八八二）というが、完成の域に達するまでにはそれから二十七年もかかっている。そうした背景にはこのような人目にはつきにくい微細な工夫があったからであろう。彼が作り上げた大麻播種器は、柄を持って後ずさりしながら引っ張って麻畑に溝を引くとともに、麻種が一粒ずつ等間隔にこぼれ落ちる仕掛けになっている優れものであった。

ところで武雄の実用的な麻の種播き器の完成以前の種播きは、まず、畑に溝を引き、その溝に利き手に麻種をつまみ少しずつ播くやり方である。均等にしかも素早く麻種を播くことができるようになるには熟練を要し、他の地域から嫁入りしたての若嫁にとって種播きは大変な苦労を伴ったものである。彼が種播き器を発明するに至ったのは、まさにこのような麻の種播きの問題の解消のためであった。彼は「播種器械説明書」の中で、この間の事情を「従来大麻ハ手蒔キトナシタルモノ故多人数ニテ蒔付ル際、人毎ニ種子ノ厚蒔薄蒔アリ、或ルトキハ畔ノ蒔キノコシ等アリ、発芽正列ナラズ随ッテ良好ナル製麻ヲ得ザルコトアリ。之ヲ憂イ明治15年3月ニ至リ、前記器械ヲ発明シ」と記している。

中枝武雄は、明治二十三年（一八九〇）三月、東京三田四国町の農務局農具製作所に依頼して真鍮製のロクロを取り付け六条蒔きにした特製種蒔き器を製作、

泉田式大麻播種器
向う五カ年保険付き〈栃木県立博物館蔵〉

同年開催された第三回内国勧業博覧会に出品し褒賞を授与された。さらに大正十一年（一九二二）には大麻播種器発明につき発明協会優等賞に輝いた。

彼が大麻播種器を発明したお陰で種播きが楽にできるようになり、一台で手播きの一五人から二〇人に匹敵するという優れものであり作業能率が一段と向上したのである。ところが、彼が発明した種播き器は一条播きであり、それは口粟野あたりから足尾山間地にかけての痩せ地のウスマキ（薄播き）（種をまばらに粗に播く方法）に適したものであり、低地の肥沃なアツマキ（厚播き・種を隙間なく密に播く方法）には適さなかった。そこで、大正期に入ると厚播きに適した一本の溝に二列一組を二条に種を播く二条播きの播種器が製作されるようになった。栃木市都賀町原宿の泉田栄太郎であり、同市西方町本郷の鮎田治作、栃木市平柳町の巻田貞蔵である。中でも泉田栄太郎と鮎田治作の改良した二条播きの大麻播種器は、大正中期以降中枝式大麻播種器に代わって野州麻栽培地で広く利用されるようになった。

②泉田式大麻播種器の製作

泉田式大麻播種器の製作者である泉田栄太郎は、本名を亀太郎と称し明治五年（一八七二）七月十六日新潟県加茂市（旧南蒲原郡加茂町）に生まれる。一〇代で建具職の技術を習得、明治三十九年（一九〇六）頃に妻子を伴い栃木市西方町本城に移り住み、明治四十二年（一九〇九）頃に栃木市都賀町原宿桜内に居を構える。その後、昭和二十二年（一九四七）頃まで播種器の製作に精を出したという。昭和二十七年（一九五二）三月三日没、享年八一歳だった。なお泉田式大麻播種器の製作はその後長男の栄吉、次男の平吉、孫の悦治（平吉の次男）へと受け継がれた。

栄太郎が大麻播種器を作るようになったのは、一条播きの中枝式大麻播種器が栄太郎の住む旧赤津村のような肥沃な土地に適さなかったことによる。それは肥沃な土地では、麻種を薄播きにすると一本一本の茎が太く成長しすぎ、かつ表皮も厚くなり良質な繊維が得られない。したがって良質な繊維を得るには厚播き、つまり密植にすることにより茎の成長を抑える必要があったからである。周囲の麻栽培農家からその間の話を聞かされた栄太郎は、持ち前の建具職の技術を生かして二条播きの大麻播種器を作ったのである。

ところで泉田栄太郎が作った二条播きの種播き器は、このローラーに穿った二列一組の穴の開け方に仕掛けがあった。中枝式大麻播種器の場合、ローラーに穿った二列一組の穴が並列であるのに対し、栄太郎の種播き器の場合は二列一組の穴が少しずつずれた、いわゆる千鳥足状になっている。したがって畑には種が

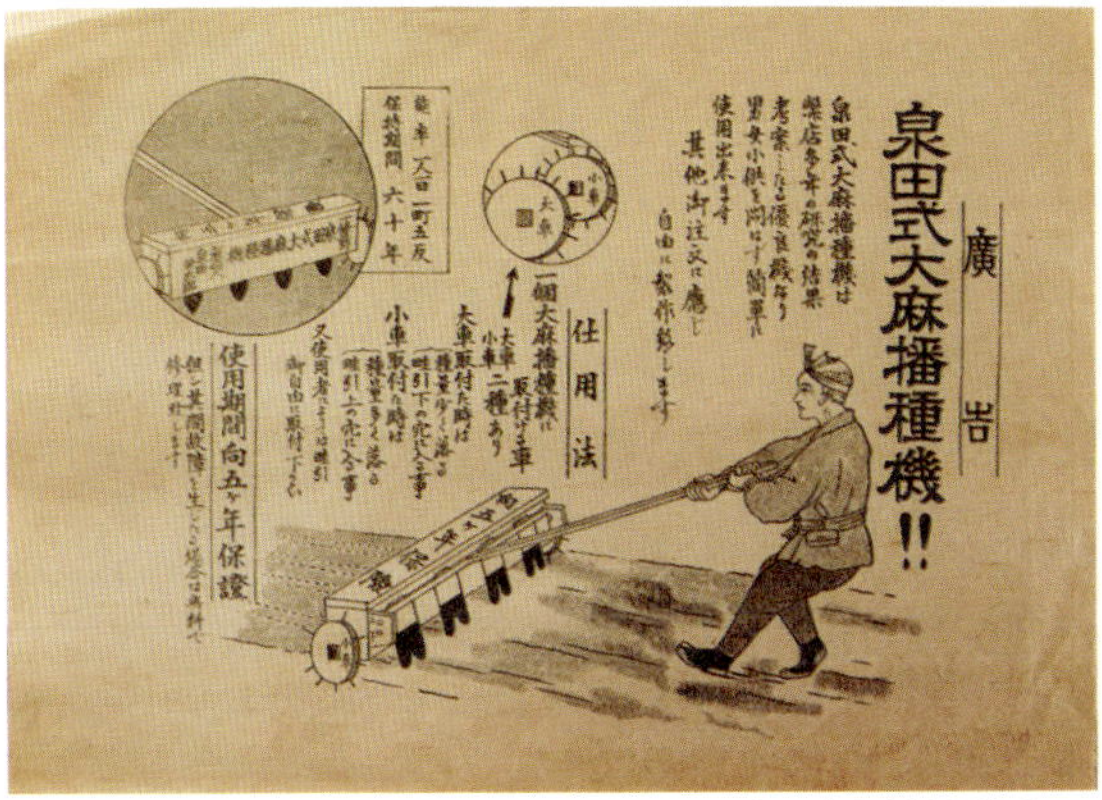

泉田式大麻播種機チラシ

交互に千鳥足状に播かれるというものである。こうすると発芽後の麻の間の風通しが良くなり成長を促すという。また、栄太郎は箱に取り付けた車輪を大小二個作り交換できるようにし、播種の調整を可能にしたのである。つまり直径の小さな車輪は、ローラーの回転速度が速くなり種の落ちる間隔が狭く密に、反対に直径の大きな車輪は種の落ちる間隔が長くまばらとなるというわけである。

栄太郎が二条播きの大麻播種器を本格的に製作開始したのは大正初期といわれる。ちなみに泉田家に残る「麻種蒔器械注文書」には一ページ目の最初の欄に「大正四年一月」とある。その年はまだ泉田式大麻播種器が知られていないと見えわずかに六台の注文である。大正五年（一九一六）には二六台、大正六年（一九一七）には一〇七台と飛躍的に注文が増加している。この一〇七台の中には「改良」とある注文が一〇台、「上等仕上げ」とある注文が四台ある。改良や上等仕上げの具体的内容は不明であるが、何も記しの無い注文の播種器の場合の値段が五円であるのに対し、改良や上等の場合は六円ないし六円五〇銭で多少高価であるところから幾分手を加えた種播き器と思われる。なお、大麻播種器の製作は、前述したように使用者からの注文によるもので、「麻種蒔器械注

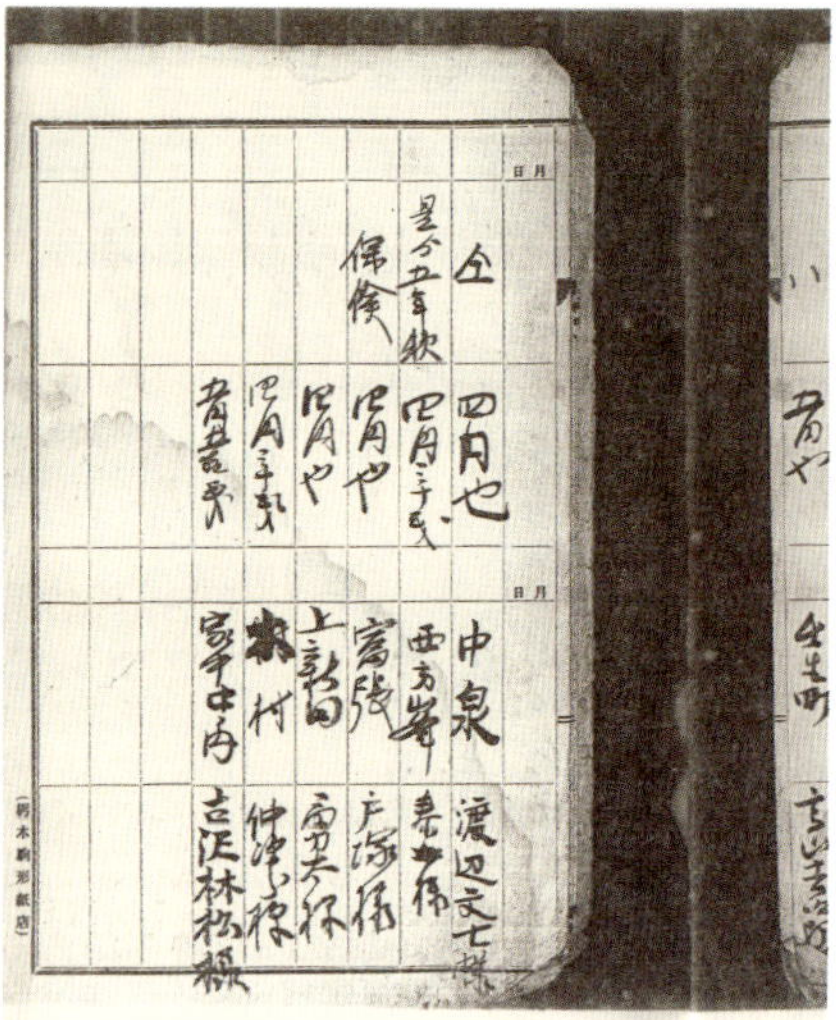

「麻種蒔器械注文書」大正5年時の注文書。保険の文字が見える。この当時は、まだ、1台4円であった〈個人蔵〉

文書」には、注文の日付、注文者住所・氏名、金額、および畦幅が記されている。注文の日付は、種播き前の秋から冬が多い。氏名の記入では単独が圧倒的に多いが、中には複数名が記されている場合がある。麻の種播きは、ユイマキ（結播き）と称して隣近所の者が互いに協力して播く風習があり、大麻播種器もその結仲間が共同して購入使用する場合が多い。複数名の記載は、そうした結仲間を記したものである。金額は見積もり金を記したものであり、ちなみに大正期の金額は六円前後であり、中には内金として見積額の二～三割程度支払って行く者もいる。畦幅は、大麻播種器を使用した際にできる畦の幅であり、つまりは爪と爪との間隔でもあり八寸（約二四センチ）から九寸（約二七センチ）の間の物が多い。

こうして栄太郎は、中枝式大麻播種器に代わる泉田式大麻播種器を作りあげたが、自作の大麻播種器の優秀性を宣伝するためもあって各地の品評会に出品した。その結果、栃木県家中青年会菊華図書館連合会物産品評会において泉田式大麻播種器が一等賞を授賞する栄誉を勝ち取った。また、栄太郎は泉田式大麻播種器の品質に絶対的な自信を抱き、万一壊れた場合には無償で修理に応じるとして大麻播種器の販売の際には保険を適用した。従前の中枝式大麻播種器にはなかっ

鮎田式大麻播種器〈栃木県立博物館蔵〉

た新しい販売方法を採用したのである。泉田式大麻播種器の箱の上蓋に「昭和○年向五か年保険」等と墨書を施したものがある。大麻播種器に保険を適用して販売したことを物語っている。

③鮎田式大麻播種器の製作

鮎田式大麻播種器の製作者鮎田治作は、明治十六年（一八八三）栃木市西方町本郷に生まれる。栃木市都賀町升塚下新田の指物職人に弟子入りし指物の技術を習得、その後本郷で指物屋を営む。大麻播種器製作のきっかけは、近くの麻栽培農家に嫁いで来た嫁が非農家の出であったために麻の種播きが上手にこなせずに困っていた麻農家から大麻播種器の製作を依頼されたのが始まりという。

ところで、鮎田治作が住む栃木市西方町の平野部は、泉田栄太郎の住む栃木市都賀町の平野部同様の肥沃な土地であり、一条蒔きの中枝式大麻播種器では麻が育ちすぎ茎が太くなりすぎて良質の繊維を得ることができず、播種量を多く密にした二条播きが適していた。そこで、鮎田治作は、泉田栄太郎同様に中枝式を二条播きに改良した播種器を作ったのである。なお、鮎田式大麻播種器は泉田式大麻播種器と構造的にはほとんど同じで、車輪も大小作り、(註3)保険も適用し、その期間も泉田式大麻播種器同様に五ヶ年であった。

註3　車輪の大きさ 標準・直径7寸5分 大・8寸2分。大の車輪を使用した場合播種量が標準に比べ1反歩当たり約3合少なくなるという。なお、播種量は、車輪の大小の外にローラーに穿った穴の数によっても異なる。鮎田式大麻播種器の場合、大の車輪を使用した場合、ローラーの穴の数が20穴の場合1反歩当たり約3升6合、17穴の場合約3升3合という。

農林産物品評会表彰状〈栃木市西方町本郷　鮎田俊夫氏蔵〉

鮎田治作は、泉田栄太郎に負けず劣らず二条播きの大麻播種器の製作に励んだ。大正七年（一九一八）清洲村・西方村・真名子村農会連合会第一回農林産物品評会において鮎田式大麻播種器が四等賞を授与されるなど栄誉に輝いた。

こうして中枝式大麻播種器、泉田式大麻播種器、鮎田式大麻播種器は、野州麻栽培地域に瞬く間に普及し、野州麻の栽培生産に大きく貢献したのである。なお、中枝武雄が没したのは大正十二年（一九二三）で、中枝は晩年まで大麻播種器を製作していたという。ちなみに栃木県立博物館には前にも述べたように大正十年（一九二一）製の中枝式大麻播種器が収蔵されている。しかし、武雄以後、中枝家では大麻播種器の製作は行わなかったようである。中枝式大麻播種器以後、大麻播種器の製作・普及に多大な貢献をしたのは泉田式であり鮎田式である。ともに主に製作したのは二条播きのものであった。

2　麻切り包丁

麻切り包丁は、麻の茎を束ねて引き抜いた後に根と葉とを切り落とすための用

註4　屋号を稲葉屋と称したのは、初代の細川正義が壬生町上稲葉の出身であったことによる。

麻切り包丁を使う（鹿沼市下永野）

具である。野州麻の栽培・生産用具では、麻切り包丁も野州麻の生産効率を高める上で欠かせないこの地特有の用具である。この麻切り包丁で人気があったのは、鹿沼市麻苧町の稲葉屋製の麻切り包丁である。稲葉屋は屋号であり本名を細川と称し、もともと江戸後期に刀鍛冶として初代細川正義が細川一門を創始したものである。

ところで明治九年（一八七六）時の政府は、「大礼服《たいれいふく》並《ならびに》軍人《ぐんじん》警察《けいさつ》官吏《かんり》等《とう》制服《せいふく》着用《ちゃくよう》の外《ほか》帯刀《たいとう》禁止《きんし》の件《けん》」を発した。これは大礼服着用者・勤務中の軍人や警察官吏以外は刀を身に着けることを禁じるもので、略称「廃刀令」といわれたもの

細川一門の略系譜　鹿沼市公式ホームページより

- 良助正義（水心子門人）宇都宮藩刀工
  - 民之助正平　次男（生家相続）宇都宮藩刀工
    - 剛之助義規　長男　宇都宮藩刀工
      - 子之助正規　養子　宇都宮藩刀工
        - 義明　養子
          - 篤三
          - 重雄
      - 周治正好（分家）長男　鍛治師

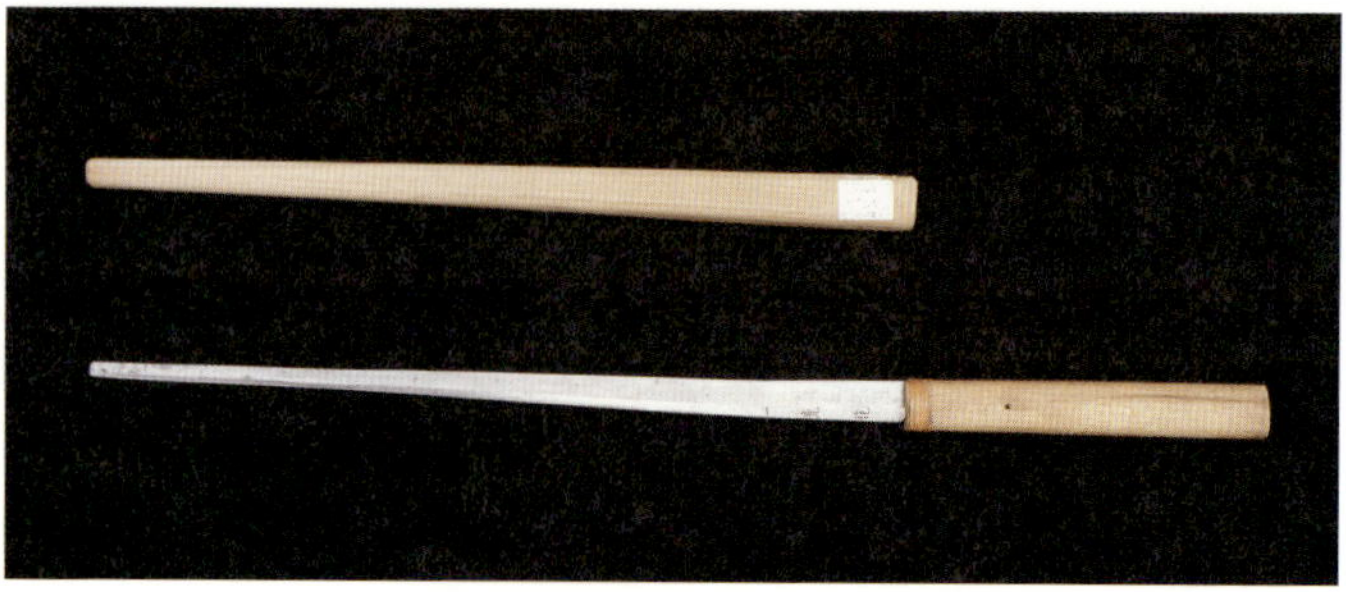

西須正一郎が打った麻切り包丁新品〈栃木県立博物館蔵〉

である。この結果、刀の需要が落ち込み刀鍛冶は苦境に陥った。鹿沼の刀鍛冶細川家も例にもれず、当時の当主細川正規《ほそかわまさのり》は、屋号を「稲葉屋」[註4]と称し、刀以外に鉈や斧、菜切り包丁や刺し身包丁、および麻切り包丁や引きご等の製作を手掛けるようになったのである。

麻切り包丁の製作を最も数多く手がけたのは、正規の曾孫の細川重雄である。彼は一七歳の時から父篤三（正規の孫）について鍛冶屋の手ほどきを受け、戦時中は一時兵隊にとられ戦地に赴いていたが、復員後本格的に鍛冶屋「稲葉屋」の仕事についた。彼が麻切り包丁を一番多く作ったのは昭和三十年頃で、年間三〇〇本ほど打ったという。

麻切り包丁は、刃渡りが長いもので約五五センチ、短いもので約四五センチのものであり、刃は出刃包丁同様に片刃である。麻切り包丁の販売の時期は、正月頃から麻切り前の七月初旬である。それまでに大量に作って置き、買いに来る者に売った。麻切り包丁の所持は、一人一本が基本であり、一人で家族の分を含めて数本買い求めていく者もいた。一方、注文を依頼する農家も多く、注文主より使用者の体力や身長を聞取りそれにあわせて打ったのである。また、販路は鹿沼近辺の南摩や東大芦はもとより遠く永野や栃木あたりまで野州麻の栽培生産地全域におよんだ。

鹿沼市楡木の鍛冶屋西須正一郎

稲葉屋における麻切り包丁の作り方は、次の通りである。刃渡りは一尺七寸五分、柄の部分の長さは八寸（約二四センチ）である。タマハガネを槌で鍛えてスノベ（素延べ）して包丁の形とし、さらに片方の端を叩き薄くし刃を作る。ほぼ包丁の形ができあがったらヤスリとセンで削り仕上げる。その後、焼き入れをし、焼きもどしを繰り返し硬さを調整する。さらに刃を砥石で研ぎあげ、「稲葉屋」の銘を打ち、柄をつければできあがる。なお、鞘は、購入者自身が作ることが多かったが、木工屋に作ってもらう者もいた。稲葉屋の麻切り包丁は、切れ味が鋭く、軽くて、まっすぐ、しかも折れ曲がらないなど良い麻切り包丁の条件を兼ね備えたものとして評判になった。「鹿沼に稲葉屋あり」、それほどまでに稲葉屋の麻切り包丁は好評を博し愛用された。麻切り包丁の需要拡大により本来の刀鍛冶をやめざるを得なかったが、麻切り包丁の評判は稲葉屋にとって面目躍如といった所である。

他に鹿沼市村井町の国光や鹿沼市楡木の鍛冶屋西須正一郎も麻切り包丁では名うての鍛冶屋として知られた。稲葉屋が店じまいした後、西須正一郎は、最後の麻切り包丁を作る鍛冶屋として活躍した。

麻風呂（右）と鉄砲釜（左）
〈栃木県立博物館蔵〉

3 麻風呂

成長した麻の収穫は、麻を束ね持って引き抜き、根と葉を切り落とし、一定の長さに裁断してから、熱湯にくぐらせ、その後天日干しにする。こうした一連の作業をアサヌキ（麻抜き）、アサキリ（麻切り）、サイダン（裁断）、ユカケ（湯かけ）、アサホシ（麻干し）等という。この湯かけ作業に用いられる用具がアサブロ（麻風呂）である。麻風呂の名は、人が入浴に用いる据え風呂（訛ってセーフロ）と同じ形をしているところからその名がついたものである。

麻風呂の構造を大まかに言えば、水を入れる木桶と湯を沸かす釜からなる。木桶は高さが約一三五センチ、上部の口は楕円形をしており長径が約九〇センチ、短径が約七五センチ、容量は、一般的なドラム缶（約二〇〇リットル）およそ三本分である。風呂桶の内側下部には底板が取り付けられており、また、風呂桶の側面の底板より少し上部には排水用の小さな穴が開いている。もちろん、水を満たす際は穴に栓をし、排水する際は栓を抜く。

湯を沸かす釜をテッポウガマ（鉄砲釜）という。あたかも大砲の砲筒を思わせる形をしているところからついたものである。このことから麻風呂をテッポウオケ（鉄砲桶）ともいう。釜の内側下部には灰落とし用の格子状の鉄製の金具（ロ

湯かけ（鹿沼市加園）

現在の湯かけ（鹿沼市下永野）

ストルともいう）が取り付けられている。なお、栃木市などでは、据え風呂の釜と同じ燃やし口の付いた鉄砲釜も見られる。

麻風呂および鉄砲釜押さえ用の桶の入手は、地元の桶屋に依頼して作ってもらった。購入後もタガの入れ替えを頻繁に行い、底板と鉄砲釜とが接する部分は焼け焦げることがあったので定期的な補修を必要とした。一方、鉄砲釜の場合、その多くは、佐野の天明鋳物師に依頼して作ってもらったものである。なお、佐野市金屋仲町にあった佐野鋳造所には鉄砲釜のキガタ（木型）が残されている。

ところで、湯かけの目的は、良質な麻を得るためといわれるが、他方、長期の保存のためでもある。野州麻栽培生産地域では、麻の栽培量が多いために一時に麻の繊維を剥ぎ、表皮を取り除き、さらに乾燥させて麻に仕上げることが難しい。そのために、まず盆前に盆で必要とする費用を得るための分量だけの仕上げに留め、本格的な仕上げ、つまり麻引きは、稲作等の合間、あるいは、麻の価格が上がる頃を見計らって仕上げたものである。したがって翌年の春先まで長期乾燥した麻を保管する家も珍しくなかった。ともあれ、麻農家では湯かけをし、さらに天日干しをして十分に乾燥させた麻は、母屋の天井裏や納屋などにいったん取

湯かけ後の麻干し作業
（栃木市西方町）

り込み保管したものである。湯かけ作業は、野州麻栽培生産地域ならではの事情によるところが大きかった。

こうしたことから野州麻栽培生産地域では、ほとんどの麻農家で麻風呂を所有していた。麻風呂も大麻播種器や麻切り包丁等とともに、野州麻栽培生産地域ならではの用具といえよう。

なお、福島県奥会津地方でも、良質な麻を得るために湯かけ作業を行う家もあったが、野州麻栽培生産地域のような麻風呂を使用することは見られずに、もっと簡易な方法で湯かけをしていたようである。例えば『伊南村史・民俗編』に南会津町伊南地区では、「麻は少し柔らかくするために長い釜に入れたお湯で上下をひっくり返しながら蒸していた。」とある。さらに「釜を使用し、その釜も五・六軒で共同で購入し、回り番で使用していた。」とあるが、釜の形状は分からない。麻風呂のような形状ではないことは確かである。

4 引きご

引きごは、麻の表皮を削り取るための用具である。野州麻栽培生産地では、もっぱら鉄板を半円筒状に曲げたものを使用している。もともとは、真竹を輪切

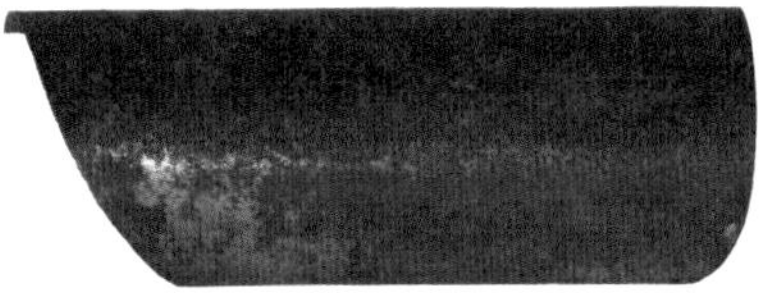

野州麻栽培生産地域の引きご〈栃木県立博物館蔵〉

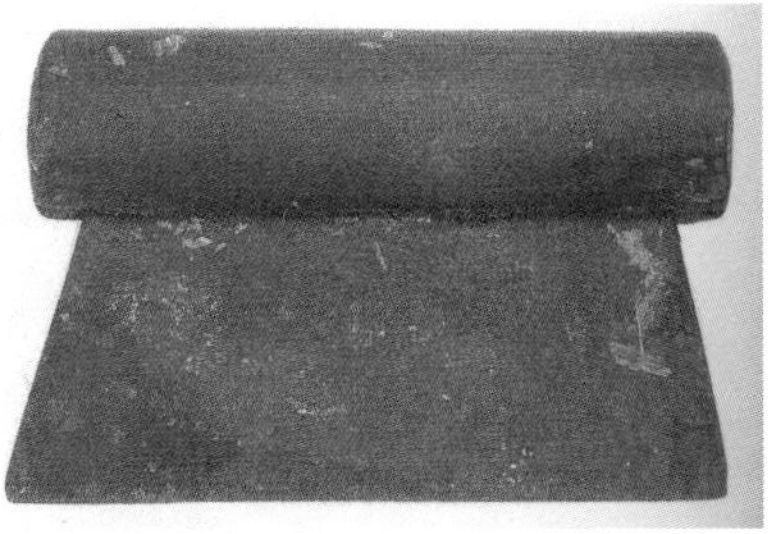

奥会津の苧引き金具『図説会津只見町の民具』より

りにしたものを半分に割り、割った片側を平らに削り刃をつけたものである。この竹製の引きごは刃先の消耗度合いが激しく、その都度刃を削りなおした。このように竹製の引きごは、作業効率が悪かった。そこで大正時代頃に今様の金属製の引きごが作られるようになった。形が半円筒になっているのは、竹製の名残である。麻切り包丁の製造元としても知られる鹿沼市麻苧町の稲葉屋は、引きごの製造元でもあり、戦後すぐの頃には一丁五円で販売していたという。

なお、福島県奥会津での麻引き用具は、写真のように持ち手となる丸木の側面に、台形状の鉄板を逆に取り付けたものである。古くは、堅い木を扁平に削ったものを用いたが、摩耗しやすいのでその後鉄板になった。なお、奥会津では真竹が自生しないので木を用いたのである。野州麻栽培生産地域では、真竹が自生している。身近な材料の違いで用具も異なる。また、こうした半円筒状の麻引き用具は、奥会津のみならず他の麻生産地域にも見られない野州麻栽培生産地域独特の用具であるという。

V

麻の栽培に伴う風習と信仰

野州麻栽培生産地域では、江戸時代中期以降昭和の終わり頃まで、麻が主たる農作物として栽培され、最も貴重な現金収入源となった。こうしたことから麻生産地域では、麻に寄せる期待は大きく、麻栽培生産に伴う独特な風習や儀礼・信仰が生まれた。麻の栽培生産に伴う風習では、不足する労力を補うためにユイ（結）とかテツダイ（手伝い）等の相互扶助やヤトイ（雇い）といった不足する労力を賃金で雇う等の労働慣行を生み出した。儀礼や信仰では、麻の種播きや麻引き等大事な作業が終了した後に行われるアサマキアゲイワイ（麻播きあげ祝い）やアサヒキイワイ（麻引き祝い）がある。一方、麻の栽培生産にまつわる信仰では、麻種播きの前後に集落ごとに麻の無事成長を願う祭が行われ、さらには降雹や嵐除けに霊験あらたかな社寺への参拝がある。

1 結播きと手伝い・ヤテイ様

① 結《ゆい》播《ま》き

農作業を進めて行く中で、忙しく猫の手も借りたいほどの労力を要することが度々あり、隣近所や親戚間で労力を交換することが行われる。そうした相互扶助に「結」と呼ばれるものと「手伝い」と呼ばれるものとがある。結は借りた労力

註1　正しくは半夏生（はんげしょう）という。雑節のひとつでかつては夏至から数えて11日目としていたが、現在では天球上の黄経100度を太陽が通過する日となっており、毎年7月2日頃にあたる。

を近日中に、しかも借りたのと同じ量をもって返すことを原則とする相互扶助である。一方、手伝いは家の普請や結婚式・葬式等における相互扶助に代表されるもので必ずしも同じ量の労力を返すものではない。

　結による相互扶助は、短期間のうちに農作業を終了させなければならず、家族労働力だけでは足りない場合に行われる。普通、結といえば田植えに代表されるが、田植えはもともと旧暦五月半ば頃の梅雨時に行われた。これは「半夏《はんげ》(註1)過ぎると稲穂の稲粒が三つ分ずつ減る」といわれるように、苗の分結が進まなくなり一時に田植えを済ませる必要があった。そこで隣近所の者が労力を交換しあって田植えを行ったのである。

　野州麻の種播きの場合も結で行われた。種播きは、三月下旬から四月上旬にかけて行われる。まず畑の畝立て、種播き、次いで肥やしかけ、土かけと一連の作業が続く。そのために種播きには多くの人手を要し、そこで結による相互扶助が行われたのである。そうした麻種播きによる相互扶助をユイマキ（結播き）とか、ユイッコ（結っこ）、ユイドリ（結取り）、訛ってヨイドリ等と称した。

　麻の種播きにおける結は、麻種を手播きしていた頃からの労働慣行であり、大麻播種器が使用されるようになってからも続けられた。なお、大麻播種器使用での結播きの作業分担の場合、大麻播種器の引き手は、一家の主ないしは若いし

田植え（宇都宮市上篠井）

（青年男子）、ケー散らし（堆肥のことをケーという）は女たち、土かけは年配の男たちが行うことが多かった。若いしに大麻播種器を引かせることが多かったのは、引くのに体力を要することからである。この場合播く麻種の分量は一家の主が決めた。

ところで大麻播種器は、大正初期頃で一台約五円であった。当時の小学校教員の平均年収が二〇〇円だったということからすると、五円もする大麻播種器は農家にとっては高価なものであった。したがって大麻播種器は、結仲間が共同で購入する場合が多く、それを仲間が順番に使用したものである。稀に本家など土地持ちの家が個人的に購入する場合もあり、それを仲間が使用させてもらったものである。

【各地の事例】

◎鹿沼市加園のＡ家

昭和三十年頃まで近所の二軒の農家とともに麻の種播きをユイッコでおこなっていた。大正期に結仲間三軒で泉田式大麻播種器を共同で購入し互いに使用したものである。作業にあたる人数は、各家二人ずつと取り決めていた。この場合、一軒あたりの栽培面積が五〜六反歩（〇・五〜〇・六ヘクタール）であったので

結播き一連の作業。大麻播種器による種播き（鹿沼市下永野久分）

三軒合わせて一日で播き終えたという。なお、ユイッコの際の昼食は、「ユイッコの手前弁当」といい、互いに家に戻り各家ごとに済ませたともいう。

◎鹿沼市中粕尾のB家

B家では昭和四十年頃まで麻を栽培していた。昭和七・八年頃が野州麻栽培の最盛期で約七反歩（〇・七ヘクタール）栽培し、近所に住む親戚二軒、懇意にしていた家一軒とともに四軒でユイッコを組んだ。なお、麻の種播きの外にキノハサライ（木の葉さらい）やカラスキ（唐鋤）での麻畑の耕起もユイッコで行ったものである。

この当時使用していた大麻播種器は一条播きの中枝式大麻播種器で、四軒のユイッコ仲間が共同して購入したものである。大麻播種器の利用・保管は、麻畑の準備ができた家から使用を開始し、最後に使用した家で翌年まで保管した。

◎鹿沼市上久我のC家

C家ではユイッコをC家と、その本家、それに近所の家との三軒で組んだ。麻畑の栽培面積はC家九反歩（〇・九ヘクタール）、本家五反歩（〇・五ヘクタール）、近所三反歩（〇・三ヘクタール）で、大麻播種器は三軒で共同購入したも

麻の結播き一連の作業。ケー散らし（鹿沼市下永野久分）

のである。種播きは栽培面積の少ない近所の家から本家へ、最後にC家の順番に行ったものである。また、ユイッコの人数は、C家の種播きの時は、C家の場合年寄り夫婦と若夫婦の四人、本家から三人、近所の家から三人がそれぞれ参加したもので、借りた手間は同じ人数で返したものである。なお、栽培面積が広いC家ではユイッコだけの人数では不足するので日雇いを二～三人頼んだ。

◎鹿沼市引田のD家

D家では近所の家二軒とともにユイドリをした。種播きの順番は、事前に話し合いで決め、順番に播いて行き、大麻播種器は最後の家が翌年まで保管した。その日の昼食は種播きをする家が用意したもので、キンピラ、ケンチン汁、菜っ葉のオヒタシ等、それに米の飯を振る舞ったものである。

◎鹿沼市下永野久分のE家

久分は、四班からなりヨイドリは班単位で組織し、E家はそのうちの一班に属した。一班の場合昭和六十年代麻作りをしていたのは九戸であり、九戸でヨイドリを組織した。ヨイドリでは各家とも作業ができる者は子どもでさえも参加したもので、力を要す種播き器を引っ張る役は若い男が担い、女たちはケー散らし

麻の結播き一連の作業。土かけ（鹿沼市下永野久分）

を、年寄りの男たちはケーを散らした後から土をかける役である。

ヨイドリ仲間では、共同で三台の大麻播種器を所有していた。麻の栽培面積は、多い家で約三反歩（〇・三ヘクタール）、平均約二反五畝（〇・二五ヘクタール）である。麻の種播きは、畑の地拵えができている家から行った。種播きはどの家とも三台の大麻播種器で行い、全ての家の種播きが終わるのに三日かかった。麻種播きが終わると麻播きあげと称し、ヨイドリ仲間の家を宿として酒宴を催したものである。

◎栃木市都賀町大柿のＦ家

戦前までＦ家とその分家一、分家二、それに同じ組内の家の四軒で結播きを行った。それぞれの麻栽培面積は、Ｆ家約一町歩（一ヘクタール）（畑・七反歩〈〇・七ヘクタール〉、水田三反歩〈〇・三ヘクタール〉、なお水田で栽培する麻をタソといった）、分家一（三反歩〈〇・三ヘクタール〉）、分家二（二反歩〈〇・二ヘクタール〉）、組内の家（二反歩〈〇・二ヘクタール〉）であり、大麻播種器はＦ家で購入した泉田式大麻播種器を共同で使用したものである。

手伝いを頼んで一気に麻抜き（栃木市都賀町）

②手伝いとヤテイ様

結は、前述したように主に麻の種播きのように短い間に多くの労力を必要とする時に用いられた労働慣行である。一方、作業時間が長くなる麻抜き、根切り・葉打ち、麻切り、湯かけ、麻干し等の収穫作業や麻の茎から繊維を得る麻引き等の場合には、「手伝い」とか「雇い」と称する労働慣行がある。特に何日にもわたり手作業で行う麻引きには、多くの労力を必要とするために、ほとんどの麻農家が手伝いとか雇い等、外部の者に手助けを依頼した。

ところで手伝いは、親戚や近所の者に手助けを依頼したもので、テツダイッコ（手伝いっこ）と称して相互に手伝い合うことが多い。この場合の謝礼は、「お互い様」とし、特に金銭や品物でのお礼をすることはなく、仕事合間の休憩時にお茶を振る舞うのが普通で、昼食を振る舞う家は少なかったようである。一方、麻切り等で早く作業が終わった家では、まだ作業中の家に自主的に手伝いに行くことがある。その場合は、麻の収穫作業が一段落した後のアサヒキイワイ（麻引き祝い）に、手伝ってくれた人を招待してご馳走を振る舞うこともある。

雇いは、日当を支払って雇った労働者である。こうした労働者を「ヤテイ」とか、日雇いが訛って「ヒヨトリ」と言った。また、麻引き作業は、どこの家でも猫の手も借りたいくらいの忙しさとなり、ヤテイの労力は不可欠だったことから

麻引きは、もっぱら女性の仕事だった（鹿沼市下永野）

註2　戦前は貨幣単位が通常でも銭まで通用した。1銭は1円の100分の1。

感謝を込めて丁寧に「ヤテイ様」と呼んだものでもある。

ところで麻引きは、どこでももっぱら女性の仕事であった。したがって日雇いを頼む場合にも女性を雇ったものである。佐野市秋山では、麻引きにおける日雇いは、麻引きが早く終わった農家の女性を雇ったもので、彼女たちを「麻引き娘」と呼んだ。壬生町では、他村や近所の若い女性を何人も雇ったという。彼女らは「麻引き様」と呼ばれ、雇われた家に泊まり込んで麻を引いた。佐野市田沼では、雇われてきた麻引きの女性を「ヒヨトリ」といい、手間賃は、大正初期で一日三〇銭[註2]から五〇銭であったという。当時は草取りが二〇銭、土方の手間賃が三〇銭ほどであったという。

ともあれ麻引きは、立膝のし通しで根気のいる仕事であったが、麻引きの手間賃は他の作業に比べて高く、割りの良い手間取りだったという。

コラム――麻播き上げ祝い

麻播き上げ祝いは、麻の種播き終了後に無事種播きが終わったことを祝うものであるが、この祝いを行ったという事例は少ない。個人宅で行う場

床の間に雷電・雲居大神の掛け軸を飾る

当番宿での麻播き上げ祝い（鹿沼市下永野久分）

合があれば結仲間で行った場合もある。個人宅の事例を述べると鹿沼市上南摩のある家では、種播きが終わったその日の夕食に、煮しめや豆腐汁、白米飯等の食事内容で家族だけで簡単に祝ったという。佐野市秋山では、麻播き終了時に特別祝いをすることはなかったというが、家によっては麻播きが終わった日の夕食に、ソバを打って食べたという。長いソバにあやかって麻がよく成長するようにとのことであるという。複数の農家が集まり麻の種播き祝いを行った事例は、わずかに鹿沼市下永野久分のみで確認されただけである。麻の種播き祝いの事例が少ないのは、実施時期がお天祭と重複することから省略されたものと思われる。

鹿沼市下永野久分では、麻の種播き祝いを「麻播き上げ」といった。麻播き上げは、ヨイドリ仲間の最後の家の麻播きが終わった日の午後に、最後の家を宿としヨイドリ仲間全員が集まり行ったものである。当番宿の座敷の床の間に「雷電大神」「雲居大神」と墨書した二本の掛け軸を下げ、その前に神酒徳利と椀に盛った白米飯を供える。当番の先導にて全員で拝礼してから飲食となる。ご馳走はバンダイ餅、セリのゴマ和え、里芋の煮転がし等であり、材料は各自持ち寄りで、その他の費用は参加者の均等負担である。バンダイ餅は、粳米の飯を臼で搗いたもので、これを小さく千切り、

餡で包んでアンコロモチにしたものである。このバンダイ餅とセリのゴマ和えは、麻播き上げの酒宴につきものでもある。（K）

【各地の事例】

◎鹿沼市笹原田のG家

G家の場合麻の収穫作業には、近所の非農家の人や分家の人など一日二〜四人に手伝いに来てもらった。一方、麻引きの場合には、家族二〜三人と近所の手伝い二〜三人の他に、毎年頼む麻引き上手な人を一人二十日間くらい雇った。毎日の麻引きは、四人くらいで引いたもので、麻引き用具（麻引き箱、麻引き台、引きご）はG家で用意したが、手伝いの中には持参する人もいた。

◎鹿沼市亀和田のH家

H家では前日に家の者だけであらかじめ麻抜きをしておき、ヤテイ様には翌日の朝から来てもらい半日ほど根切り、葉打ちをしてもらった。

◎鹿沼市富岡のI家

I家では、麻切りに三日間ほどかかり五〜六人のヤテイ様を頼んだ。ヤテイ様に振る舞った昼食は、白米飯、モロやナマリの煮つけ、野菜の天ぷら、季節の漬物等であったという。

2 麻引き祝い

麻の繊維を得るには、湯かけした後に天日干しした麻の茎を、床に伏せて表皮を腐らせてから表皮を削り取らなければならない。その表皮を台の上に乗せてヒキゴで削ることを麻引きという。麻引きは出費を伴う盆の前に少し行い、本格的な麻引きは、稲の収穫作業が忙しくなる前である。麻引きは、手間のかかる作業であり、毎日、家族だけでなくテツダイやヤテイ様等多くの労力を結集して麻引きを行ったものである。そして麻引きが終わると、春から続けられてきた一連の麻の仕事が終わり、また、麻が出荷されようやく現金が手に入る時でもある。こうしたことから麻引きが終わると、どこの農家でも手伝ってくれた者やヤテイ様を招き麻引きが無事終了した祝いと慰労を兼ねてご馳走を振る舞ったものである。この麻引き祝いをアサヒキアゲ（麻引き上げ）とかイタアライ（板洗い）ともいう。板洗いの板とは麻を引くためのアサヒキダイ（麻引き台）およびアサヒキバコ（麻引き箱）をいう。これら道具を麻引きが終わると翌年に備えきれいに水洗いするからである。

呼ばれた者は、さっぱりした普段着でやってきたもので、座敷に通され黒塗りの平膳に盛られた煮しめやキンピラ牛蒡、ソバないしはウドン、家によっては小豆餡やゴマ味噌で包んだバンダイ餅（粳米のご飯の餅）やアンコロ餅（もち米の餅を小豆餡で包む）などが振る舞われ、多少のお神酒もついた。

【各地の事例】

◎鹿沼市富岡Ａ家

板洗いという。麻引き終了後に手伝ってくれた人を招待し酒やご馳走を振る舞う。

◎鹿沼市笹原田Ｂ家

板洗いという。麻引きは、八月二十五日頃から始め十月いっぱいまでかかった。この間、近所や親戚の手のすいた者に麻引きを手伝ってもらう。板洗いは、十一月三日頃に行い、手伝ってくれた人を招待しご馳走を振る舞う。

◎鹿沼市中粕尾布施谷Ｃ家

麻引き上げという。麻引き終了後の十月から十一月頃、各家ごとに麻引きで手伝ってくれた人を呼び、アンコロ餅やウドン等を振る舞う。なお、来られない人へは、アンコロ餅を重箱に入れて届けた。

◎鹿沼市下永野久分D家

麻引き祝いという。麻引きはもとより、その後のソバや稲の収穫作業が一段落後の十一月から十二月頃に家ごとに手伝ってくれた人を招待して行う。ご馳走の内容は、収穫したての新ソバで打ったソバ、バンダイ餅、稲荷鮨等である。なお、下永野では、麻切りの手伝いに来てくれた者も麻引き祝いに招待する習わしがある。ともあれ、麻引き祝いは、麻農家にとって大事な行事であり、当家の者も招待者も、盛り沢山のご馳走をいただくのは楽しみだったという。

◎栃木市都賀町大柿中郷E家

麻引き上げという。麻引きが終わった十月に入ってから麻切りや麻引きで手伝ってくれた人を招待し酒やご馳走を振る舞った。ご馳走の内容は、手打ちのウドン、キンピラ牛蒡、芋煮しめ等であり、食べ残したものは、お土産として持たせた。

◎佐野市秋山F家

麻引き祝いという。麻引きが終わった後の適当な日に餅、赤飯、ソバないしはウドンを作り、これらを神仏に供えるとともに、麻引きを手伝ってくれた隣近所の者を招待し振る舞った。また、麻引きに使用した麻引き台や麻引き箱、ヒキゴ等の用具を洗い清め、これを縁側やヒロマに並べ、お神酒やご馳走を供えたものである。

3 麻の無事成長を祈って ~種播き前後の祭り~

①お天祭

野州麻栽培生産農家にとって麻の出来具合は大変気になるところである。三月中旬頃から四月中旬頃の麻の種播き前後には、麻が無事育ち収穫できることを祈って集落ごとに祭りが行われる。この祭りをオテンサイ（お天祭）と称する所が多く、他にボンテンアゲ（梵天上げ）、オヒマチ（お日待ち）、タケマツリ（嶽祭り）等と称する所もある。

お天祭とは、自然の恵みをもたらしてくれる太陽をはじめとする月や星等、いわゆる天の神様へ作物の無事成長などを祈る祭りである。県内各地では天祭と呼ばれることが多いが、野州麻栽培生産地域では、丁寧にお天祭と呼んでいる。それだけ天の神様に対する篤い信仰の念が窺える。

「お天祭」は、原始的な太陽信仰に起因するものである。栃木県内では大田原市黒羽や那珂川町大山田等の八溝山間地にも同様の原始的太陽信仰が見られるが、ここでは念仏信仰が結びつき「天道念仏」とか「天念仏」と称している。これに対し足尾山間地の「お天祭」は、念仏信仰を伴わず太陽や月に対する素朴な信仰であった。そうしたことから「お天祭」と称されたのであろう。ともあれ足尾山間地のお天祭は、八溝山間地の天念仏より古い形態の原始的太陽信仰として注目される。

「梵天あげ」は、麻種播き前後の祭りに梵天を担ぎ上げる風習を伴うことから呼ばれるものである。ところで、ここでいう梵天とは、祭りに当たって神様を迎えるための目印として用いられるもので、目立つという意味のホデに由来するといわれる。梵天を用いる祭りは、野州麻栽培生産地域のみならず全国各地に見られ、栃木県内でもさまざまな梵天が用いられ、祭りの在り方も多様である。(註3)

野州麻栽培生産地域に見られる梵天には、長い竹竿の先に、檜や松の木をカンナで削った帯状のカンナックズを取り付けた物、長さ一尺（約三〇センチ）ほどの稲藁束に幣束を突き刺したものを竿の先に取り付けた物等がある。前者のカン

宇都宮市今里羽黒山神社梵天上げ

註3　栃木県では各地で大型の梵天を氏子たちが勇壮に祭場となる山に担ぎ上げ奉納する風習が見られる。中でも宇都宮市今里の羽黒山神社、那須烏山市月次の加茂神社、高根沢町桑窪の加茂神社、那須塩原市宇都野の箒根神社、足利市小俣の石尊山の梵天上げが有名である。

尾出山頂上に掲げられた朽ちかけた梵天（鹿沼市上永野）

高根沢町桑窪加茂神社戊梵天上げ

ナックズを取り付けた梵天は、長さが六～七メートルほどもある大型のもので、梵天を祭場まで担ぎ上げ、ご神木に縛りつけるのがひと仕事である。鹿沼市北東部の見野、笹原田、富岡等では、大型の梵天を用いており、祭りの名を梵天あげと称している。

なお、後者の幣束を巻きつけた小型の梵天を用いる祭りは、足尾山間地一帯に広くみられる。特に険しくかつ高い山の頂上に祭場がある場合には、この種の手軽に持ち運べる梵天が便利である。筆者は山登りが好きで各地の山を登ったが、足尾山地の尾出山や石裂山、二股山、火戸尻山等の頂上で朽ちかけた梵天を目にしたことがある。いずれも小型の梵天であった。

「お日待ち」とは、ある特定の日を待って祭りをすることからついた呼び名である。特に家ごとに行われる年中行事の日をいう場合が多いが、野州麻栽培生産地域では、春先の麻の種播き前後の祭りをお日待ちと称している所がある。一般にお日待ちは、神祭りもさることながら、その日は仕事休みで神様に供えたお神酒やご馳走をいただくことが重視される。したがってお日待ちという言葉には、慰労会・懇親会的な意味合いがある。野州麻栽培地域では、集落ごとに麻の種播き前後に神祭りが行われるが、その後に酒宴が催され、忙しい中でのつかの間の楽しみでもあったのでお日待ちと呼ばれるようになったのであろう。

住吉神社の本殿をセンドウモウスと唱えながらまわる

さて、麻の種播き前後の祭りであるが、お天祭、梵天上げ、お日待ち等祭りの呼び名こそ土地により異なるが、内容は共通することが多い。まず、祭りが坪とか組と称する小集落ないしは大字ごとに行われること、祭りの場が足尾山間地では集落内の高い山の頂上に祀られる小さな祠であり、一方、平野部では集落の鎮守社であること等がある。祭りの内容については、高い山の場合は、祠が祀られる頂上へ小型の梵天を担ぎあげ地面に突き刺し、祠の傍らに立て、祠に供物を供え麻の無事成長を祈るとともに飲酒を行うものである。一方、平野部では鎮守社のご神木の梢に孟宗竹で作った大型の梵天を持ち上げて縛り付け、その後に祠や鎮守社等に餅や赤飯、お神酒などを供え、簡単にお神酒や赤飯などをいただき麻の無事成長を祈願する。なお、孟宗竹で作った大型の梵天をあげる所では、梵天をご神木に縛りつけた後に、センドウモウシ（千度申し）と称して参加者がご神木の回りを「センドウモウス、マンドウモウス」と唱えながら回ることが多い。なお、千度申す　万度申すとは、何回も何回も神様にお願いしますということであり、ひいては、こんなに心を込めてお願いしますので是非願いを叶えてくださいとの意である。

こうした一連の儀礼の後に、当番宿において改めて神様をお祀りして麻の無事成長を祈り、その後にお日待ちと称し各自お膳に盛られたご馳走をいただき飲酒に興ずることが行われる。この時のご馳走は、赤飯、煮しめが圧倒的に多い。煮しめの材料には、決まって里芋が用いられ、そうしたことから芋煮しめとも言われる。稲作が十分でない足尾山間地では、古くから里芋が貴重な作物として栽培され、冠婚葬祭には、大根・人参・シイタケ等をいれるとともに里芋が必ず用いられた。芋煮しめは、里芋栽培文化を彩るこの地ならではの料理でもある。

なお、山の祠や当番宿の座敷の床の間に祀る神様に雷神を祀る場合が多い。雷神を祀るのは、麻の栽培に多大な被害をもたらす突風や降雷がないことを雷神に祈ることによる。

【各地の事例】

◎鹿沼市見野のお天祭

お天祭という。平成十一年（一九九九）実施の際は四月十八日の日曜日に開催したが、以前は四月初旬に実施したものである。お天祭は、大字見野の集落の行事として行われ、地区内の住吉神社、雷電神社、御嶽神社および管理山と称する山に梵天を上げ、麻の無事生育および五穀豊穣を祈願、その後直会《なおらい》（註4）と称して酒宴を催す。梵天は、真竹の先に赤松ないしは檜を鉋で削った紐状のもの（カンナックズ）を結びつけたもので、それを上げる神社の数、つまり四本作る。

註4　祭り後に行われる飲食は、直会（なおらい）とも呼ばれる。直会は本来、神様に供えたものを神様とともにいただき神様と一体になったことを意味するものである。

檜を鉋（かんな）で削ったひも状のものを結び付け梵天を作る

梵天を製作し神社に担ぎ上げるのは、当番集落の者が行う。これを上げ番といい、各集落の回り番で行う。祭り当日は、住吉神社境内にある公民館から出発し、最初に鎮守社の住吉神社に梵天を上げる。この間、氏子たちが本殿の回りを時計回りにセンドウモウスと唱えながら回る。その後は、上げ番だけで雷電神社、御嶽神社、管理山に順に梵天をあげ、幣束をあげお神酒を供えて祈願し、終了後は公民館で酒宴を催すものである。

◎鹿沼市玉田

お日待ちといい、地区内の山の頂上に祀られている雷電様、奉天様に梵天を上げ麻の無事成長ならびに五穀豊穣を祈願。梵天は、真竹の先に檜の木のカンナックズの束を取り付けたもので、これを頂上の松の木の梢に縛りつける。梵天を担ぎ上げるのは、玉田の鎮守である鹿嶋神社の氏子総代一二人（玉田は上・中・下の三地区からなりそれぞれ四人が総代となる）で、終了後、鹿嶋神社社務所でお神酒をあげ、肴をつまみながら簡単に直会をする。

一方、上・中・下の各集落では、各当番宅の庭先に天棚を作り供物を供えて天の神様を祀る儀礼が行われる。天棚は、枝を三本残して一六〇センチほどの長さに切った青竹四本を四五センチ四方に立て、地面から一五〇センチくらいの所に

住吉神社のご神木に梵天を取り付ける

割り竹四本を渡し細縄で縛り棚としたものである。供物は、米、尾頭付の魚、野菜であり、その他にローソク、それに輪切りにした大根に突き立てた幣束をあげる。

各集落では、天棚での儀礼の後に地区ごとの直会となる。ところで梵天あげに出席していた総代は、鹿嶋神社での直会が終わると自分の所属する地区の当番宿にかけつけ、まず、いただいてきた「奉天祭」と記した御札を、集まった氏子たちに配る。その後、地区ごとの直会となる。

このお日待ちの直会では、天棚に供えた尾頭付の魚を焼いてから細かく分けて食べる習わしがあり、この焼いた魚をムシリザカナという。また、直会では、カラシゴボウと称し、茹でた牛蒡に西洋カラシを塗って食べる習わしもある。

◎鹿沼市下沢

下沢では、三月から四月頃にニッサンマイリ（日参参り）およびケチガン（結願）、お日待ちと一連の祭りが行われる。これらを総称してお天祭とかお日待ちと言っている。一連の行事は、上坪、中坪、田中坪、池の尻坪、下ノ内の集落を中心に行われ、約一カ月半の長期にわたるものである。しかも全ての農家の主が参加するもので、各自かなりの負担を強いられる。それだけ麻に期待する人々の

集落の背後に聳える二股山（鹿沼市下沢）

気持ちが強かったといえる。

日参参りは、麻の種蒔き前後の一連の行事で最初に行われるものである。三月から四月頃にかけて約一カ月間、上坪から順に中坪、田中坪、池の尻坪、下ノ内と農家の主人が下沢地区内の神社やお堂に交替でお参りする。各集落とも一組三～五人ほどで行き、全員が行くまで毎日行ったところから日参参りの名がついた。お参りする際は、各組とも幟旗《のぼり》を担ぎセンドウモウスと唱えながら行ったものである。

お参りする神社は、どの集落も二股山山頂に祀られる雷電神社と大杉神社、それに下沢の鎮守社である二荒山神社の三社で、必ずお参りすることになっており、他に各集落近くの観音堂や薬師岳、龍神岳にお参りする。なお、二股山は下沢の西に聳える標高五七〇メートルの山で、山頂部が二股になっており、南峰の最高地点に雷電神社が祀られている。下沢にとってはシンボル的存在の山であり水源の一部となっている。

日参参り最後の日を結願という。この日は、日参参りが無事終わるということと、大杉神社のお祭りとの意味合いから神主が加わり、その上、各集落から一人が大杉神社の年行事役ということで結願に加わった。山頂の大杉神社へは下ノ内、池の尻坪、田中坪の人々は観音堂から、中坪、上坪の人々は秋葉神社からと

二股山南峰の頂上に祀られた雷電神社

二手に分かれてそれぞれ梵天を担ぎ、供物やご馳走を持って登った。頂上の大杉神社では、担いで来た梵天をご神木に縛り、供物を供え、神主のお祓いがあり、その後全員で麻の無事成長ならびに五穀豊穣を祈願する。こうして一連の儀礼が終了すると持参した赤飯や煮しめ等のご馳走をいただく。この日は、下沢のお囃子連も笛・太鼓・鉦を持参して加わり、ご馳走をいただいている間景気よくお囃子をしたものである。大杉神社でのお祭りが終わると全員で二荒山神社へお参りして日参参りが終わる。結願が終了すると集落ごとにお日待ちが行われる。時期は四月末で、当番宅が宿となり、座敷の床の間に日参参りをした雷電神社、大杉神社、二荒山神社等の神様を祀りお神酒をはじめヘエメシトロロ（稗飯とろろ）、芋煮しめ、お浸し等を供え、全員で拝礼し麻の無事成長を祈願、その後神様に供えたものと同じご馳走をいただきながら酒を酌み交わす。お日待ちは、三月下旬から始まった日参参り、結願等が無事終了したことの慰労会の意味合いが強い祭りである。

◎鹿沼市上久我富沢

富沢では戦前まで四月六・七日の両日に麻の無事成長を祈願して祭りが行われた。六日の祭りを嶽祭りと称し、天狗堂山の頂上に祀られる祠の祭りである。

在りし日の白井平。この地一帯は鹿沼市東大芦川ダム構想により住民が他所に移転した。しかし平成15年（二〇〇三）構想中止となり現在は廃村状態である

まず、梵天（三メートルほどの長さの竹竿の先に和紙で作った御幣をさしたもの）を担ぎ上げご神木に縛りつけ、その後に祠にお神酒、赤飯を供え、参加者全員で嵐除けを祈った。

翌七日の祭りをお天祭といった。各農家では庭先に天棚（長さ約六尺〈一八〇センチ〉の杭を四本打ち、その上に板を渡したもの）を作り、早朝、一家の主が盃に注いだお神酒、杉の板に盛った赤飯、皿に盛った草餅二個を供え、傍らに瓶に刺した椿の花を飾り、嵐除けと麻の無事成長を祈ったものである。各家での祭りが終わった後、昼使くに各家の主が回り番の宿に集まり酒宴を催した。

◎鹿沼市草久白井平

お日待ちという。白井平は戸数十戸の小集落である。平成三年頃までお日待ちを実施していたが、東大芦川のダム建設問題で立ち退く農家が多くなり現在では実施が困難となった。

お日待ちは、もともと旧暦の二月十五日に行った。当日は、当番宿の庭先にオンガラ（苧殻）の束を立て、その上にご馳走を盛ったお膳を供える。お天道様に供えるのだという。お膳は冠婚葬祭時に用いる本膳と称するもので、親椀には白米飯の上に煮た小豆を散らしたもの、汁椀は豆腐汁、壷はナンキン豆の煮つけ、

註5　「神武様」の日とは、初代天皇である神武天皇霊が亡くなったとされる4月3日に神武天皇の天皇霊を祀る神武天皇祭をいい、一般には神武様の日と呼ばれ神武天皇祭は、幕末の孝明天皇の時代に神武天皇の御陵祭として始まり、明治41年（一九〇八）制定の「皇室祭祀令」で法制化され、休日の一つとなった。戦後昭和22年（一九四七）5月2日に廃止された。

下永野久分のお天祭の様子。梵天を担いで雷電山へ向かう

平は大根・サツマ芋・人参、切り昆布・コンニャクを入れた煮しめの上に油揚げの煮つけを乗せたもの、皿はつぶした豆腐の中に煮た大根・人参・コンニャクを入れた白和えを盛ったものである。

◎鹿沼市下永野久分

お天祭、あるいは梵天上げ、お日待ちともいう。ここでの行事内容は、筆者が勤務していた栃木県立博物館で平成十二年（二〇〇〇）に実施した一六ミリ映画「麻作りの民俗」の記録作成時の様子を記したものである。

久分ではお天祭を麻種播き終了後に行う習わしがある。以前は、四月三日の神武様の日（註5）がお天祭の実施日と決まっていたが、平成三年（一九九一）以降四月第一日曜日となった。住民の多くが会社勤めとなり平日に実施しづらくなったからである。

行事の内容は、集落内の天狗山と雷電山の二カ所に梵天をあげ嵐除けと麻の無事成長を祈願、下山後宿でお日待ちと称し飲食を催すものである。

お天祭には賄当番四人と祭り当番二人が準備に当たる。賄当番は家並みを左回りに、祭り当番は右回りにそれぞれ一年交替で回る。賄当番の役目は、天狗山と雷電山に供える赤飯を蒸かすとともに、当番宿での飲食のための準備である。一

山の頂上の雷電神社で麻の無事成長を祈願する

お日待ちでいただく白米飯の米を集める（鹿沼市下永野）

戸当たり一合の米を集め、お神酒および料理の材料を用意するとともに料理を作る。料理の内容は、白米飯と里芋・大根・人参等を入れた芋煮しめ、豆腐とネギの醤油汁、それに沢庵漬等である。なお、賄当番は、このほかに梵天をあげる山の頂上の祠に供える赤飯の準備がある。

一方、祭り当番の役目は、注連縄や天狗山と雷電山とにあげる梵天の準備である。梵天の先に取り付ける幣束はあらかじめ、地元の御嶽山神社の神主に紙を切っていただいたもので、それを長さ一尺（三〇センチ）の藁束に巻きつけ、さらに藁束を真竹の先に取り付けたものである

当日は、午前八時頃に地蔵尊等石仏が祀られる集落の中央部に集まり、天狗山へ梵天をあげる者と雷電山にあげる者に分かれ、それぞれ梵天を担いで山に向かう。筆者が同行したのは雷電山であった。山頂にはご神木の檜が生えており、まず、その梢に梵天を縛り付ける。見晴らしの良い雷電山の頂上のご神木の先に縛り付けた梵天はどこからでもよく見え神様を招く目印に相応しい。

次いで雷電様の祭りとなる。雷電様を祀った石祠の前にしめ縄を張り、持参してきたお神酒、赤飯を供え、当番の先導で参加者全員が拝礼し嵐除けおよび麻の無事成長を祈願する。その後、供えた赤飯、お神酒の残りをいただいて山を下る。

祭り後、供物の赤飯をいただく

註6　群馬県板倉雷電神社では、降雹ならびに突風を氷嵐という。写真は、氷嵐除けのお札。

梵天上げが終わると、改めて当番宿を会場に、お日待ちとなる。賄当番が準備した煮しめ、赤飯、醤油汁、漬物をいただきながら酒を酌み交わし、しばし歓談の時間となる。二カ所の山に梵天を上げてきた慰労を兼ねての酒宴であり麻の出来具合等の話が弾む。

◎栃木市都賀町大柿中郷

お天祭という。中郷の全ての農家で麻種播きが終わると年番にあたった班（中郷は四班からなる）の者が群馬県板倉町に所在する雷電神社へ「氷嵐除」[註6]のお札を受けに行く。その後二～三日後にお天祭を行う。

お天祭は年番班の中の当番宿で催される。座敷の床の間に、二メートルほどの竹竿の先に幣束を取り付けただけの梵天三本を飾り、その前にお神酒、赤飯、煮しめ等を供え、次いで全員で拝礼し、麻の無事成長を祈る。その後、年番の班の者から雷電神社から受けてきたお札が各参加者に配られ、それが終わるとお神酒を酌み交わし赤飯、芋煮しめ、キンピラ牛蒡、漬物、汁等をいただく。飲食が終わると次の年番の班の者が、梵天を持って愛宕神社、浅間神社、星の宮神社のそれぞれのご神木に縛り付けた。

◎佐野市秋山渡戸

お天祭という。旧暦三月十五日に行ったものである。この日は午前八時頃に一家の主が集まり、まず梵天を作る。梵天は、麦藁を束ねたものに竹串に挟んだ幣束を突き刺し、さらに真竹の先に突き刺したものである。これを二本作る。奉納場所は嶽の山山頂の山の神社と愛宕山山頂の愛宕神社である。

梵天の作製には約一時間かかる。したがって梵天を担いで宿を出発するのは午前九時頃となる。梵天を担いで行くのは、各戸一人ずつ計七人である。ただし当番宿の者は、お日待ちの準備のために除く。七人は二組に分かれそれぞれの山に向かう。現場に到着すると、まず梵天をご神木の梢に麻縄で縛り付ける。そしてご神木の傍らの祠に持参してきたお神酒、小豆飯を供え、参加者全員して拝礼し麻の無事成長を祈る。なお、お神酒は篠竹で作ったお神酒錫（二本一組・註）に入れて持参したものである。

梵天上げ終了後午後三時頃に宿に集まりオテンセビマチ（お天祭日待ちが訛る）と称して酒宴を催す。座敷の床の間に山の神の掛け軸を下げ、その前に徳利にいれたお神酒と椀に盛った小豆飯をお膳に乗せて供える。酒宴にはお神酒をいただきご馳走として小豆飯と煮しめが出た。その後、しばし休憩をした後にお天祭のハイライトである高盛り飯の儀式となる。これは各自の椀に小豆飯を山高く盛り上げたものをいただくものである。強飯儀礼の一種で、神様とともにお供え物を食べる、いわゆる神人共食を意味したものであるとともに、たらふく食べていただくという伝統的なおもてなしの風習とが集合した儀礼である。普段は麦飯に味噌汁、季節の漬物という粗食の時代は、小豆飯や煮しめがたらふく食べられるこの儀礼は楽しいものとされた。

コラム——竹筒にお神酒を入れて供える由来

足尾山間地では、山の神の祭りに竹筒にお神酒をいれて供えることについて、次のような話が伝えられる。

「昔、兄弟の猟師がいた。ある日山へ狩りに出かけたところ、苦しそうなうめき声がする。二人が声のする方に行ってみると、女がお産をしているところで、女はあえぐ声の下から『水をくれ』という。兄は聞こえぬふりをしていたが、弟は矢筒をはずし、女が差し出す竹筒を持つと谷川の水を汲んで来て女に与えた。すると女は姿を変え『私は山の神だ。お礼にこれから山仕事が無事成就するようにしてやろう』といって消えた。その後、兄

雷電神社の祭り。祠の回りをセンドウモウスマンドウモウスと唱えながら回る（宇都宮市上砥上）

は山で怪我をし貧乏な生活を送ったが、弟はいつも獲物を得て金持ちになった」

以来、山の神様に神酒を供える際は、竹筒のお神酒錫に入れて供えるものだという。（K）

4 嵐除け祈願

野州麻は、三月下旬から四月初旬頃が種播きの時期であり、これが七月中旬の収穫期には二メートル五〇センチ前後の高さに達するほど成長の早い作物である。一方、麻は茎の太さが二センチ程と細く、突風や降雹にあうと折れてしまい良質の繊維が得られにくくなる。ところが野州麻の栽培生産地である足尾山間地およびその山麓一帯では、六月から七月にかけて雷が多発し、それに伴う降雹や突風に見舞われることがある。こうしたことから野州麻栽培生産地では、麻の種播き前後のお天祭に加え、麻の種播きが一段落した後に、改めて雷除けに霊験あらたかな神社へお参りし、降雹除けや嵐除けを祈願しお札を受けてくる風習がある。なお受けてきたお札は、竹竿の先に挟み麻畑に突き刺し嵐除けを祈る。

群馬県板倉雷電神社
立派な造りが信仰の篤さを物語る

①板倉の雷電神社への参拝

夏季に雷が多発する関東内陸部、なかでも栃木県は、全国でもトップクラスの雷神信仰の盛んな所で各地に雷神社が祭祀されている。そのほとんどが小さな祠があるだけでしかも組とか坪と称する小集落単位に祭祀されるものである。一方、栃木県および隣接する群馬県や茨城県には、立派な社殿を構え広範囲の人々から嵐除けや雨乞い等で霊験あらたかとして篤く信仰される神社がある。那須烏山市月次の加茂神社、宇都宮市平出の雷電神社、群馬県板倉の雷電神社、茨城県筑西市樋口の雷神社である。こうした中、野州麻栽培生産地の人々にとって最も嵐除け信仰が篤いのは群馬県板倉の雷電神社である。

板倉の雷電神社は、群馬県板倉町大字雲間《はさま》にある。祭神は、火雷大神《ほのいかづちのおおかみ》、大雷大神《おおいかづちのおおかみ》、別雷神大神《わけいかづちのおおかみ》である。板倉の雷電神社は、落雷除けや氷嵐除けや雨乞いに霊験あらたかとされ、地元群馬県はもとより栃木県、茨城県、埼玉県、千葉県、東京都等とその信仰範囲は広く、数多くの板倉雷電講が組織されている。中でも雷電講の数が一番多いのが栃木県であり、その信仰範囲は、足佐地区、下都賀地区、上都賀地区、河内地区等と栃木県の南西部を占めるほどの広範囲におよぶ。そしてこの範囲には野州麻栽培生産地のみならず、大麦・小麦の栽培地、カンピョウの原料となるユウガオの栽培地のように降雹や突風等の災害が無いこと

板倉雷電神社の賑わい

を祈る地域もあれば、反対に思川流域の水田稲作地のように雨乞いのために雷の発生を祈る地域がある。栃木県南西部の人々にとってとにもかくにも板倉の雷電神社は、暮らしを守ってくれるありがたい神社である。

ところで野州麻栽培生産地における板倉雷電講の場合、参拝の時期は、かつては、五月一日から五日までの雷電大祭の期間中が最も多い。この他に三月下旬から四月上旬の麻の種播き前後、および五月中旬から七月の中旬まで行われる安全祈願祭の時期に参拝する場合が多い。

さて、雷電神社への参拝であるが、雷電講の中から回り番あるいはくじ引きで選ばれた代参者（多くの場合二人である）が出かけたものである。自家用車とてなかった時代は、徒歩ないしは自転車で行ったもので、板倉の雷電神社まで片道二〇キロ余もある遠隔地からは行くのにも難儀したものである。雷電神社へ着くと、まず拝殿前で参拝してから拝殿に上がりお祓いを受け、嵐除けを祈願、その後に氷嵐除等のお札を受けてくる。徒歩や自転車はもとより自家用車の時代になっても遠隔地からの参拝は、少なからぬ苦労を伴ったが、門前の茶屋で板倉名物のナマズの天ぷら付きの昼食を食べるのが楽しみでもあったという。

集落に戻ると早速、講員宅を廻り無事祈願が成就したことを報告するとともに受けてきたお札を配る。また、帰宅後に代参者の慰労を兼ねたお日待ちを催す集

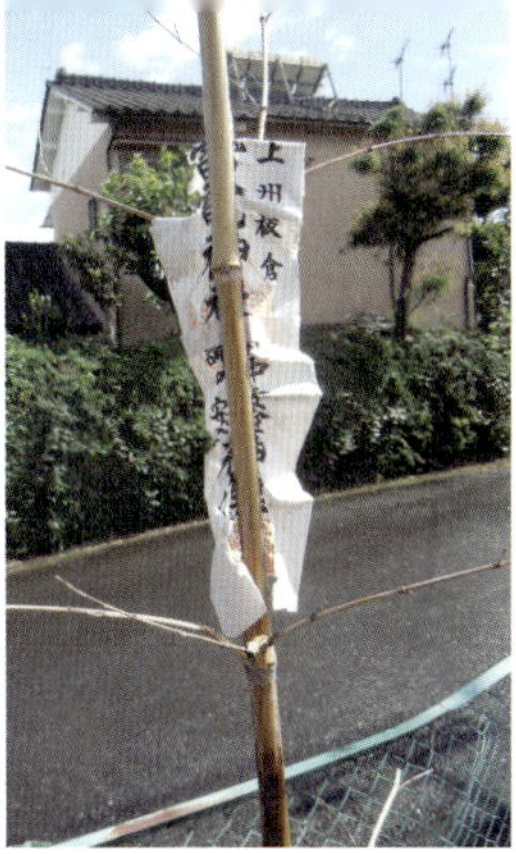
集落の中に立てた雷除けのお札（宇都宮市幕田）

麻畑に突き立てた板倉雷電神社の「氷嵐除」のお札

落もあり、その際にお札を配る場合もある。
お札を受け取った講員宅では、竹竿の先にお札を挟み、それを麻畑の中ほどに突き立て、災害にあわずに無事麻が成長することを祈ったものである。なお、竿の長さを麻の背丈にあわせ約二メートル三〇センチとした。そこまで麻が成長してほしいとの期待を込めた長さである。

【各地の事例】

◎鹿沼市亀和田

二月の初午に開催されるお日待ちの時に代参者を決め「氷嵐除け」のお札の注文を取った。代参者は、麻の種播き後の麻が少し発芽した頃を見計らって群馬県板倉の雷電神社にお参りしお札を受けてきた。中には麻畑の数だけお札を購入した家もあり、竹竿の先にお札を挟み各麻畑の真ん中に突き立てた。

◎鹿沼市上石川

板倉雷電講が組織され、春、麻種播きの前になると、各組より一人ずつ順廻りで選ばれた当番が集まり、雷電神社へ参拝する日取りを決め、種播き終了後に参拝する。戦前は歩いて、昭和十五年（一九四〇）頃になると自転車で出かけるよう

栃木市の安政講が奉納した雷電神社玉垣

雷電神社前の名物のナマズの天ぷら屋

になった。朝七時頃に上石川を自転車で発てば、日帰りで参拝できた。池ノ森（鹿沼市）、羽生田（壬生町）、金崎（栃木市）を経て例幣使街道を南に下った。早くから東武鉄道も開通していたので、楡木駅より柳生駅まで電車を使うこともあった。

雷電神社での参拝の後、門前の料理店で名物のナマズの天ぷらを食べたもので、それが参拝の楽しみであったという。

代参者は、参拝から帰ると各家をまわり「氷嵐除け」のお札を配る。各家ではお札を竹の先に挟み麻畑の真ん中に立て麻が降雹や突風の害にあうことなく収穫できるように祈った。

◎栃木市都賀町大柿中郷

中郷全体の麻の種播きが終わると雷電講の当番が板倉雷電神社へ行きお札を受けてくる。その後、二～三日後にお天祭が行われるので、その酒宴の席上お札を出席者に配る。お札をいただいた者は、お札を竹竿の先に挟み麻畑に立てた。

②鹿沼市草久の古峯神社と「おざくさん神社」への参拝

足尾山間地の野州麻栽培生産地では、降雹・突風等の災害除けといえば圧倒的に群馬県板倉の雷電神社に対する信仰が強いが、一部の地域では古峯神社や「お

豪壮な茅葺屋根の造り。古峯神社本殿

ざくさん神社」に対する信仰が根強い。

古峯神社は、通称、古峰ヶ原と称され、江戸時代においては石原隼人家と石原主水家があり日光修験の峰修行と深くかかわった。特に隼人家では金剛童子を祀り、嵐除けにご利益があるとして嵐除けのお札を出す等独自の信仰を展開し、江戸市中まで嵐除けのご利益が知られたという。

明治期になり修験道廃止令に伴い日光山の修験道が途絶えると、石原両家では古峯神社を創設し、火伏せにご利益ありとして新たな信仰を展開したのである。火伏せ信仰が幅広く展開したのは東北地方であり、もともとの嵐除け祈願をしたのは、もっぱら付近の西大芦や東大芦、板荷等の麻農家である。これらの農家では、麻種播きが一段落すると各人が「嵐除け」のお札を求めて古峯神社へお参りしたものである。

「おざくさん神社」とは、鹿沼市上久我と同市入粟野町の境界にある「おざくさん」と称する山の麓に祀られる神社をいう。その山を上久我では「石裂山」と書き、入粟野町では「尾鑿山」と書き、ともに「おざくさん」という。また、麓に祀られた神社を上久我側では「加蘇山神社」と書いて「かそやまじんじゃ」、入粟野町側では「賀蘇山神社」と書いて「がそやまじんじゃ」といい、両社とも通称「おざくさん神社」ともいう。

入栗野側の尾鑿山神社。豪壮な社殿からかつての信仰の篤さが窺える

両社とも江戸時代には、地元下野はもとより常陸国（茨城県）、下総国（千葉県の一部）、武蔵国（東京都および埼玉県）、陸奥国（福島県）等に講が組織され、春秋の祭礼日には嵐除けや五穀豊穣、村内・家内安全を祈願する「おざく講」の代参者で賑わった。地元の加蘇や粟野の麻農家では近くの「おざくさん神社」に参拝し、嵐除けのお札をいただき、笹竹の先に挟み麻畑に突き刺し麻の生育を祈願したものである。

【各地の事例】

◎鹿沼市上南摩町栗沢

四月十日のお天祭の時に、古峯神社への代参者を決める。その後、代参者が古峯神社に参り嵐除けを祈願するとともにお札を受けてくる。帰宅後にお札を各家に配布。各家では竹竿の先にお札を挟み麻畑に突き立てた。

◎鹿沼市上久我富沢

四月六・七日の嶽祭りの日に代参者（一人・交代制）が、石裂山神社に行き嵐除けのお札を受けてくる。帰宅後各家にお札を配布。各家では竹竿の先にお札を挟み麻畑の真ん中に立てた。

5 麻にまつわる俗信

麻にまつわる俗信には、種を播く日に関するものが多く、中でも「寅の日にまくものではない」との禁忌が多い。その理由について、棺桶を埋葬する際に使われるトラヅナと関連づけて「寅の日に麻種を蒔くと、その麻がトラヅナに使われるようになる」とも、あるいは「虎の毛皮の模様になってしまう」からともいう。麻に限らず農作物に関する禁忌・俗信には種播きに関するものが多い。農作物が順調に育つか否かは、種を何時、どのように播いたならばよいかといったことが問題になる。麻の種播きに関する禁忌・俗信からは、種播きの時期が大事であることを言い表したものと言える。

麻そのものにまつわる俗信では、「赤ん坊に麻の葉模様の着物を着せると丈夫に育つ」のように、麻の持つ呪術性に期待するものが多く伝承されている。次に各地に伝わる麻にまつわる禁忌・俗信について紹介したい。

・麻の種播きは、桜の花が咲く頃に行うと良い。(鹿沼市中粕尾遠木)
・麻の種を寅の日に播くと枯れる。(鹿沼市上粕尾発光路)
・麻の種は寅の日に播くな、トラヅナになる。(鹿沼市上久我富沢)
・麻の種播きは寅の日および申の日にしてはならない。寅の日に播くと虎の毛

皮の模様のようなダンダラ麻に、申の日に播くと猿のケツのように赤くなる。(上都賀地方)

・麻の種播きは酉の日を避ける。カラスに荒らされるから。(上都賀地方)

・戊の日に麻の種を播くと犬に掘り返される。(鹿沼市上久我石裂)

・麻の種播きの日には、日参旗を持って大日様に参詣すると麻の収穫が上がる。(栃木市惣社)

・麻作りをしている農家では、雷が鳴ると交替で大日様のお堂や雷電様の社の回りを雷が鳴りやむまで回る。(栃木市惣社)

・赤ん坊に麻の葉模様の着物を着せると丈夫に育つ。(県下全域)

・お盆の時に盆棚に供える供物の箸は麻殻で作れ。(栃木市惣社)

コラム

国指定重要有形民俗文化財「野州麻の生産用具」への取組み

博物館の学芸員にとって優品を収蔵するのは楽しみであり誇りでもあり、中でも国指定の資料を所蔵することは夢でもある。筆者が栃木県立博

野州麻の生産用具〈栃木県立博物館蔵〉

物館（以下、「栃博」）に勤務中、国指定の資料は無かった。昭和五十七年（一九八二）という全国に先駆けて設置されたわけでもない栃博では、国指定級の資料の寄贈を受けることは難しく、高額な美術品を購入する予算もなく、栃博独自で埋蔵文化財の発掘調査をすることもないために国指定の文化財を収蔵する術がなかった。

ところが民俗文化財の場合、学芸員の努力次第では国指定文化財の収蔵が可能である。そこで何とかして国指定文化財の収蔵を実現したいと思ったのである。しかし、国指定を受けるのは生易しいものではない。庶民が暮らしの中で使った民俗資料については、その地域の人々の暮らしぶりが詳しく分かるように数多く集めなければならない。その上、国指定を受けるには、文化庁への申請書に一点ずつ資料カードを作成し、資料名、旧所有者住所・氏名、使用目的、使用方法、大きさ等を記入し、さらに写真、実測図を添付しなければならないのである。

この事業を始めるにあたり、まず国指定となり得る民俗資料の的を絞らなければならない。そこで栃木県を代表する農作物であった野州麻の栽培生産用具を選んだのである。とりあえず野州麻の栽培地域の中からランダムに調査地を選び麻農家を訪ね、調査項目にしたがって聞き取りを行い、その上で、お持ちの用具を見せていただき、それから寄贈の交渉をした。交渉がまとまると早速、栃博に持ち運び埃などを払い、写真撮影と実測図の作成、それと並行して資料カードの記入にあたった。当時、栃博民俗部門は筆者と共同執筆者の篠﨑君だけであり、応援にアルバイト職員を雇い、さらにはボランティアの協力を得た。

この事業を本格的に開始したのが平成九年（一九九七）、念願の国の重要有形民俗文化財に指定されたのが平成二十年（二〇〇八）三月十三日である。苦節、十年。この間、野州麻にまつわる企画展「麻～大いなる繊維～」を実施し、県民の野州麻に対する理解を高め、県当局に対しては国指定に関わる予算の獲得に奔走した。今、県博の民俗収蔵庫には、国指定重要有形民俗文化財「野州麻の生産用具」三六一点が県博の「お宝」よろしく整然と収蔵されている。資料の寄贈者、資料カード作成等にご協力いただいた方々、ご指導をいただいた文化庁の方々等には大変お世話になった。なお、本書『野州の麻と民俗』は、国指定に向けた地元の麻作り農家の人々の聞き取り等をもとにして執筆したのである。（K）

VI

麻の将来性を期待する
野州麻栽培の復活に於いて

本書を書くにあたって久しぶりにかつての野州麻栽培生産地をめぐってみた。心なしか足尾山地の山あいの地に荒れ地が目立つ。そこは中山間地でジャリッパタが広がり、その上、日陰になる所が多く麻には好適地であり、品質の良い野州麻が栽培された所である。ところで前に述べたように昭和三十年代頃から野州麻の栽培生産が衰退に向かった。足尾山地東麓一帯の肥沃な平野部では、麻栽培の跡地が水田稲作やビール麦（二条大麦）、あるいはイチゴ栽培などにとって代わられたが、ジャリッパタではそうした作物の栽培にはいささか不向きな地であり、麻にかわる現金収入源となる作物の栽培がなかなかみつからず、それが荒れ地となって表れているのだろう。

野州麻の栽培生産は日本一を誇り、昭和十年（一九三五）には作付面積が二八八三・七町歩（二八八三・七ヘクタール）あったものが、戦後次第に衰退し昭和三十八年（一九六三）には栽培面積八五〇ヘクタール、栽培農家戸数六二三三戸、平成十八年（二〇〇六）には六・五ヘクタール、二五戸となり、令和五年（二〇二三）現在では栽培農家は一二戸となった。

野州麻の栽培生産の衰退のおもな要因は、化学繊維の普及、マニラ麻など外国産麻の普及、下駄の鼻緒の芯縄に代表される生活の変化による需要の衰退、さらには「大麻取締法」の制定に伴う大麻栽培畑の管理強化等がある。

野州麻の栽培生産は、時代の変化に乗れなかったといえばそれまでであるが、本当に麻栽培生産は今の時代、魅力がないものであろうか。麻の持つさまざまな特性を考えてみると、魅力がないどころか将来性を期待できる作物と言える。麻の持つ特性を確認してみよう。最大の特性は、他の栽培作物に比べて成長が早いことである。四月上旬に種を播くと七月中、下旬には二メートル五〇センチにも成長し四カ月弱で収穫となり、再生産が極めて早い。その上に砂礫の多いやせ地でも良く育ち、さらには、稲や麦と同じように連作障害を起こさない。こんな栽培作物は、他にはない。この特性を生かすべきである。

ところで近年、ＳＤＧｓ（持続可能な社会の開発目標）が問題になっている。国連が定めたものであり、この目標が達成されないと人類が滅亡しかねないという。一方、わが国独自の問題として食料をはじめとする各種資源の海外依存度の高さ、換言すれば自給率の低さが問題視されている。

国連が定めたＳＤＧｓについて述べよう。開発目標には十七あるが、世界中の人々が取り組まなければならないものに地球環境の悪化がある。地球環境の悪化は、ＣＯ^{2}（二酸化炭素）の増加による地球温暖化であり、化学繊維やプラスチック類の大量廃棄による海洋汚染である。前者の地球温暖化は、洪水や乾燥等の異常気象の多発を引き起こし、後者の海洋汚染は、化学繊維やプラスチック類が紫外線等によりマイクロプラスチックと化して海洋に漂い、それを魚等が食べてしまうことによる海洋生物資源の減少である。自給率の問題については、海外依存度が高ければ、それだけ貿易相手先の諸問題を受けやすい。わが国の経済は、世界情勢の安定を前提として成り立つ脆弱なものである。

こうした地球環境の悪化は、産業革命以後の石炭や石油などの化石燃料の使いすぎによって引き起こされたものである。せんじつめれば経済発展に伴う暮らしの便利さばかりを追い求めてきた結果にほかならない。したがって地球環境悪化を食い止めるためには、現行の化石燃料偏重の暮らし方を変えるほかない。そのためには、化石燃料以外の資源の利用を促進するとともに、化石燃料以外の資源をもとにした暮らし方に変えるなどしていかなければならない。また、資源の自給率の低さについては、いたずらに海外からの輸入資源に頼らずに、わが国で生産できるものは可能な限り生産するという考えに改めることである。

こうして見ると成長が早く、しかも連作可能な作物であり、その上資源の再生産に適した作物である麻は、地球環境の悪化を防ぐ可能性を秘めた作物であり、かつ、わが国で自給可能な作物でもある。麻は魅力のないものではない。

1 繊維としての麻の将来性

わが国で用いられる衣類の主な原材料は、絹、麻、木綿、羊毛、およびポリエステル・レーヨン・ナイロン等の化学繊維である。こうした原料の将来性について、まず、地球環境の点から見よう。化学繊維関係者の間には、一般的な視点からとらえると天然繊維の方が化学繊維に比べて地球環境に良さそうという印象がもたれているが、持続可能な社会という視点からとらえた場合、繊維の製造過程に着目すると、必ずしも天然繊維が良く化学繊維が悪いとはいえないという。その言い分は、天然繊維の場合、農薬や化学肥料の使用等があり、化学繊維の場合、現在ではそのほとんどがリサイクル可能であり、多くの大手会社がその手法を取りつつあるからだという。この言い分は、あくまでもリサイクルが完全に行われて言えることであるが、リサイクルは国民の協力なくしてできない。しかし国民に一〇〇%の協力を求めることは不可能であり、不要になった衣類を回収業者へゴミとして焼却処分に出す者も多い。焼却処分すれば化学繊維からは、CO_2（二酸化炭素）を排出し地球環境悪化（温暖化）につながる。また、不法投棄された場合も分解されずに微小なゴミ化され最終的には海洋汚染に繋がりかねない。一方、天然繊維の場合、綿花や麻等植物繊維は、焼却処分されてCO_2を排出しても、植物は成長する際に酸素を生みだすということでCO_2の排出は相殺されてゼロとして換算される。また絹は桑を食べて育つ蚕から、羊毛は草を食べて育つ羊から得られるものであり、ともに植物が基盤になるところから地球環境悪化には繋がらないとされる。一方、天然繊維は不法投棄されてもやがては分解され、化学繊維のように深刻な地球環境悪化を招かない。したがって地球環境の点から言えば、天然繊維の方が化学繊維よりも優れていると言える。

次に資源の自給率の向上の点から見たい。化学繊維の主な原料は石油である。わが国の場合石油資源は、中東を中心に海外からの輸入に九〇%強を依存している。その中東が政情不安定であることは否めず、石油の安定した輸入が問題である。もっと幅広い地域からの輸入を計れば問題は多少なりとも解消されるだろうが、なかなかそうならないのが現実である。これに対し天然資源の場合、自給率の面で増加が期待できる。特に麻は絹や羊毛、木綿に比べると可能性を秘める。なぜならば絹は蚕が作る繭を紡いだものであり、したがって蚕の餌となる桑の栽培や蚕の飼育のための施設等に費用をかけなければならず手間もかかる。羊毛は羊の毛を紡いだものであり、羊毛を得るためには羊の飼育に必要な広い土地が必要である。狭い面積から多くの収益をあげる集約的農業になじんできたわが国では羊の大量飼育は不適である。木綿は綿花を紡いだものであり、綿花の栽培には温暖な気候であること、肥沃で水はけの良い耕地であることが条件となる。したがってわが国では従来、北関東以南のそれも肥沃な一部の平野で栽培されてきた。綿花栽培は地域が限られている。しかし、麻は比較的寒冷な土地や必ずしも肥沃でない砂礫地でも栽培が可能である。麻は急峻な山岳地帯を除けば、ほぼ日本全土で栽培可能である。

こうして見ると、麻は地球環境を守る上でも資源の自給率向上をはかる上でも一番適した繊維と言える。麻は決して魅力の無い繊維でなく、また、麻の栽培は将来性を秘めた作物と言える。

①衣服における麻の利用の将来性

衣服とは、外側に着る上着、ズボン、羽織等をいい、衣類とは衣服をはじめ帯、靴下、肌着など体に着ける全てを言う。ここではおもに衣服を対象として述べたい。現在、日本人の衣服は、欧米伝来の洋服がすっかり定着している。洋服の原材料は、主に化学繊維や羊毛、綿花、および絹、麻の類となっているが、地球環境悪化防止やわが国の場合資源の自給率から麻が優れていることは前述したとおりである。現在、衣服の原材料の使用は、主に経済的な点が重視されているが、先の点から言えば麻がもっと使用されてよい。しかし、麻が衣服の原材料として最適かといえばそうは言えない。絹には絹の、羊毛には羊毛の、木綿には木綿の特性があり、それぞれ生かされるべきである。ならば麻の特性はどういったところにあるだろうか。麻の特性をあげるならば、強靭さと麻の布地の場合はさらりとした肌触りである。強靭であることの特性では作業衣での利用が考えられる。現在、作業衣といえばジャンパーやズボンの着用が一般的であるが、伝統的な股引、どんぶり腹掛け、半纏に帯締め、あるいは作務衣の着用もジャンパーやズボン姿に劣らず機能的である。股引以下の着用は、神輿担ぎや屋台・山車引きなどの祭礼時の着用が目に付く。足に密着し腰の部分でゆとりをもって作られる股引は動きやすく、どんぶり腹掛けに着けた胸の部分の袋は小物入れに便利であり、帯を締めた半纏も動きやすい。祭り時にこうした衣類の着用がなされるのは、伝統行事を引き継ごうとする氏子たちの意識の現われと思われるが、それよりも何よりも動きやすく機能的であるからでもあろう。一方、作務衣は、もともと僧侶が日々の雑事を行う時に着る衣のことであり、特定の形が決まっていたわけではない。現在の作務衣の形は昭和四十年代に曹洞宗の永平寺で用いられたものが最初といわれており、近年は一般の人の部屋着、あるいは簡単な作業衣として用いられている。ともあれ麻は、化学繊維を除けば他の天然繊維に比べると強く作業衣に適している。

麻の持つもう一つの特性であるさらりとした肌触りを生かすことについては、何と言っても夏着での麻の利用である。汗ばむ蒸し暑い夏の季節には麻の布地の衣服は快適である。背広にズボンはもとよりワイシャツの類、和服で言えばユカタや夏に着る着物や羽織等に麻の利用が考えられる。最近は、夏祭りに若い女性のユカタ姿が目に付く。これも伝統文化に対する関心の高さばかりではなく、ユカタの持つ気安さ、多少の体形の変化にも対応できる着物の融通性もあるだろう。また、男性の間では普段着として甚平の着用が目に付く。甚平は、もともと戦国時代の下級武士が着用した「雑兵用陣羽織」を着物仕立てにし、日常衣としたものが「甚兵衛」と呼ばれ、やがて甚平というようになったといわれる。甚平は半袖・半ズボンであり。主に夏に着られる衣服である。

このように麻の特性は、強靭であり、かつ、さらりとした肌触りにある。この麻の持つ特性を洋服・和服ならずとも大いに生かすべきである。

②蚊帳への利用

蚊帳は、蚊などの害虫から人などを守るための網で、主に就寝時に用いた。わが国では、昭和五十年代頃まで用いられたが、殺虫剤や下水の普及により蚊そのものが減少したことと、あるいは気密性の高いアルミサッシの普及で蚊帳の利用は衰退した。しかし、蚊帳は殺虫剤を使わないということで生態系にやさしい防虫用具として最近見直されている。子どもや大人でも肌の弱い人には、単独用の蚊帳が普及している。また、熱帯や亜熱帯では蚊が媒介するマラリア・デング熱・黄熱病、および各種の脳炎に対する最も安価で効果的な防護策として注目されている。蚊帳の素材は、前にも述べたように麻である。熱帯や亜熱帯の蚊帳を必要とする地域に、わが国で生産される蚊帳が輸出できれば麻の栽培生産の復活も夢ではない。

③紙への利用の将来性

現在、わが国で生産利用される紙には洋紙と和紙とがある。洋紙は明治以降欧米からもたらされたもので木材パルプが主な原材料である。一方、和紙は奈良時代以前に中国から伝えられたもので主な原材料に楮《こうぞ》や三椏《みつまた》等の樹皮および麻の繊維がある。このうち麻の繊維を利用した紙を麻紙という。奈良時代には麻紙の使用が優勢であったが、麻紙の場合、麻の繊維が強靭で長いことから紙の製造作業が困難であった。そのため、作業が簡便な楮を主体とした和紙にとってかわられ、麻紙の製造は平安時代後期に途絶えたという。その麻紙が復元されたのは、大正十五年（一九二六）、福井県の岩野平三郎による。岩野の和紙は、麻と楮とを混ぜたものであったが、それを鹿沼市下永野の野州麻紙工房の主宰者、大森氏は古来の麻一〇〇%使用の麻紙を見事に復活した。麻紙は、楮紙に比べると緻密で上品な味わいがあり、シミ（紙魚）にも強いことから重要な文書の用紙に利用されたという。野州麻紙工房では、ランプシェード等新しい工芸品の開発を行っている。

紙の生産量は、木材パルプを主な原材料とする洋紙が圧倒的に多く、楮や麻等非木材パルプを原材料とする和紙の生産量は少ない。和紙の生産量が少ないのは、原材料の集荷・集積が効率的ではなく、大規模な製造もされていないためといわれる。しかしわが国では洋紙の場合、原材料である木材パルプの海外依存率が高く、それに対し和紙の場合は、ほとんど自給生産である。和紙の原材料の特徴は、木材に比べ成長が早い。中でも麻は、成長が早いばかりでなく、楮等に比べ単位面積当たりの生産量が多く、その上ほぼ全国各地で栽培生産ができる。資源の自給率の向上から言えば、和紙、特に麻紙の将来性が期待できる。

2 麻殻の利用の将来性

わが国での麻の利用は、繊維を得るためであり、麻殻の利用は、繊維を取ったあとの副産物としての利用である。主な麻殻の利用は、屋根材があり、その他に懐炉灰、花火の火薬、さらには盆行事の時の用具や送り火等に用いられた。近年は、屋根材の変化や新しい懐炉の普及等で麻殻の利用は衰退した。

ところが、欧米では、今、麻殻の特性が注目され、さまざまな用途への開発が進められている。例えば壁材、ヘンプペレット、ヘンププラスチック等がある。

壁材は、麻殻をチップ状に粉砕したものと石灰を混ぜて作ったもので、これを壁材（ヘンプクリートという）とする新しい建築工法である。麻殻の持つ調質性、消臭性、あるいは断熱性により室内が快適な環境に自然調整されるという。

ヘンプペレットは、麻殻を細かく粉砕し熱で固めたものである。現在、燃料として木質ペレットが用いられているが、将来、ヘンプペレットに代わる可能性があるともいわれている。それは木材に比べ、今まで何度も述べたように麻は木材よりも成長が早く生産性が高いことや消臭性が高いことからヘンプペレットに対する将来性が期待できるという。

ヘンププラスチックは、麻殻を原材料とするプラスチックである。現在、植物由来のバイオプラスチックの開発がなされているが、そのなかでも将来性が最も期待されているのがヘンププラスチックである。ただし、今の所まだ開発半ばであり石油由来のプラスチック（ポリプロピレン等）の充填材として利用されている段階である。将来は一〇〇パーセント麻殻を原材料としたプラスチックの開発が期待されているが、特に車体の軽量化が重要な課題となっている電気自動車の場合その開発が待たれているという。なお、麻殻等植物由来のプラスチックは、地球環境の悪化をもたらすことのないプラスチックとしても注目されている。

このように欧米では麻殻の多方面での利用が開発され将来性が期待されている。麻殻の利用が進めば、当然、麻の栽培も増大する。ところが、わが国の場合、麻殻の利用を目的とした麻の栽培に大きな障害が横たわっている。昭和二十三年（一九四八）に制定された「大麻取締法」により大麻草大麻（大麻草およびその種子並びにそれらの製品）の取扱いが学術研究および繊維・種子の採取のみに限定されたのである。これは大麻の不正使用を防止するためであり、大麻取扱い者を免許制とし、免許を有する者以外の者の大麻の取扱いを禁止したのである。これにより麻殻の利用だけを目的とした麻の栽培は、禁止されたのである。令和五年（二〇二三）法律の一部改正が行われ大麻草を原料とした医薬品の使用を認めるほか、大麻草の栽培を医薬品などの原料を採取する目的でも認められたが、麻殻のみの生産を目的とした栽培は依然認められていない。欧米での麻殻のさまざまな利用開発のニュースを知るたびに、栃木県内の麻農家のみならず旧麻農家は、麻殻のみの取得を目的とした栽培が認められないものかとの思いを強くしている。

昭和四十年代頃まで、足尾山間地ならびに山麓平野地帯では、麻の栽培生産が盛んに行われ、麻は稲作以上の現金収入源となっていた。それが麻の需要の衰退とともに麻の栽培も衰退した。その後、麻に代わる農作物の栽培を試みたが、山麓平野地帯の一部の農家がイチゴの栽培に活路を見出したことを除くと、これぞといった現金収入源となる農作物を中々見いだせない農家が多い。荒れ果てた耕地の存在は、そうしたことを良く物語る。かつての野州麻の栽培生産地における農家にとって、麻殻のみの生産の許可が待たれる。「大麻取締法」の改正は、かつての野州麻栽培地に農業振興の希望をもたらすのみならず、栃木県全体の農業の将来を明るくするものでもありぜひとも達成させて欲しいものである。

あとがき

栃木県立博物館学芸部長　篠﨑　茂雄

「麻」という植物を初めて知ったのは、今から五十年ほど前、小学校三年生の時である。「麻の葉」のイラストが「ユウガオの実（干瓢）」や「葉煙草の葉」などとともに社会科の地図帳に描かれていたことを覚えている。その後、大学生となり、「麻」をテーマとした卒業論文を書いていた後輩がいたが、その頃も栃木県は全国一の麻の生産地であること、麻の繊維は神事や綱の原料として用いられていること、そして栽培にあたっては許可が必要であることぐらいの知識しか持ち合わせていなかった。

平成十一年（一九九九）に高等学校から栃木県立博物館に異動して、最初に与えられた仕事が、その年の夏に行われる企画展「麻～大いなる繊維～」の準備であった。今までの環境から一転、福島県奥会津地方や愛知県蒲郡市、青森県の南部・津軽地方、両国の相撲博物館などに調査に行かせていただき、生産方法や繊維の特徴、製品など、麻に関する知識を深めてきた。その当時、日本一の生産地といわれる栃木県であっても、麻を生産していた農家は五〇戸ほどにまで減少していた。その一握りともいえる生産者が日本の伝統文化の多くの部分を支えているることを知り、麻文化を広く伝え、後世に残していかなければならないことを痛感した。

企画展終了後は、麻の生産用具の収集に奔走し、平成二十年（二〇〇八）には「野州麻の生産用具」が栃木県の資料としては初となる国の重要有形民俗文化財に指定された。そして同年の四月に文化財の指定記念となる企画展「野州麻の生産用具～道具が語る麻づくり～」を実施、展覧会図録と「調査研究報告書　野州麻の生産用具」を刊行した。

その後も麻に関する研究は、ライフワークの一つとして続けている。北は北海道から南は宮崎県まで麻が生産されていた地域を訪問しては、博物館や資料館などに遺された生産用具や製品を調査してきた。今でも、野州麻の生産農家を訪問する度に新しい発見がある。あらためて思うのは、麻は日本人にとってなくてはならない繊維であり、全国の至る所で作られていたということ、そして現在でも麻が生産されているのは、野州麻の生産地域に暮らす人々のたゆまぬ努力があったことの二点である。本書もそれらの点を意識して執筆した。

最後になりますが、調査にご協力いただいた大森由久氏をはじめ麻の生産者の方々と本書の共著者として私を指名してくださいました柏村祐司氏に心からお礼申しあげます。そして、本書が野州麻をはじめとする麻への理解につながることを期待しています。

〈引用・参考文献一覧〉

・粟野町教育委員会 1983年『粟野町誌 粟野の民俗』粟野町
・粟野町教育委員会 1983年『粟野町誌 粟野の歴史』粟野町
・鴛海文彦 1940年『大麻ノ栽培』朝鮮繊維協會
・落合一憲 1993年「栃木県における大麻栽培の推移」『宇都宮地理学年報』第11号 宇都宮大学地理学教室
・柏村祐司 2021年『下野の雷さまをめぐる民俗』随想舎
・金巻鎮雄 1977年『旭川文庫2 北海道屯田兵絵物語』旭川兵村記念館
・鹿沼市史編さん委員会 2001年『鹿沼市史 民俗編』鹿沼市
・鹿沼市史編さん委員会 2006年『鹿沼市史 通史編 近世』鹿沼市
・鹿沼市史編さん専門委員会民俗部会 1999年『鹿沼市史叢書四 上久我の民俗』鹿沼市史編さん委員会
・鹿沼市史編さん専門委員会民俗部会 2000年『鹿沼市史叢書七 上石川の民俗』鹿沼市史編さん委員会
・蒲郡市史編纂委員会 1974年『蒲郡市史』蒲郡市教育委員会
・工藤雄一郎・小林真生子・百原新・能城修一・中村俊夫・沖津進・柳澤清一・岡本東三 2009年「千葉県沖ノ島遺跡から出土した縄文時代早期のアサ果実」『植生史研究』第16巻 第1号
・工藤雄一郎・一木絵里 2014年「縄文時代のアサ出土例集成」『国立歴史民俗博物館研究報告』第187号
・篠﨑茂雄 2000年「製綱業からみた野州麻の隆盛」『下野民俗』第40号 下野民俗研究会
・篠﨑茂雄 2011年「中枝武雄」『人物でみる栃木の歴史』随想舎
・篠﨑茂雄 2014年「アサ利用の民俗学的研究 縄文時代のアサ利用を考えるために」『国立歴史民俗博物館研究報告』第187号 国立歴史民俗博物館
・篠﨑茂雄他 2019年『生活工芸双書 大麻』農山漁村文化協会

・田代善吉　１９３７年『栃木縣史　巻九産業編』下野史談會
・田沼町　１９８２年『田沼町史　第1巻　自然・民俗編』田沼町
・都賀町史編纂委員会　１９８９年『都賀町史　民俗編』都賀町
・栃木県教育委員会　１９６８年『栃木県民俗資料調査報告書第3集　発光路・高取の民俗』栃木県教育委員会
・栃木縣經濟部　１９３５年『大麻及苧麻生産並ニ販賣統制ニ關スル調査』　栃木縣經濟部
・栃木縣經濟部　１９３９年『農務事報第五號　野州の大麻』栃木縣經濟部
・栃木県史編さん委員会　１９７４年『栃木県史　史料編　近現代四』栃木県
・栃木県史編さん委員会　１９７６年『栃木県史　史料編　近世二』栃木県
・栃木県史編さん委員会　１９７８年『栃木県史　史料編　近現代七』栃木県
・栃木県史編さん委員会　１９８１年『栃木県史　通史編四　近世一』栃木県
・栃木市史編さん委員会　１９７９年『栃木市史　民俗編』栃木市
・栃木市史編さん委員会　１９８３年『栃木市史　史料編・近現代Ⅱ』栃木市
・栃木県立郷土資料館　１９８３年『栃木県立郷土資料館　郷土資料調査報告第七集　秋山の民俗』
・栃木県立博物館　１９９９年『１９９９年企画展　麻　大いなる繊維』栃木県立博物館
・栃木県立博物館　２００１年『栃木県立博物館調査研究報告書　野州麻の生産用具』栃木県立博物館
・栃木県立博物館　２００１年『栃木県立博物館調査研究報告書　野州麻作りの民俗』栃木県立博物館
・栃木県立博物館　２００８年『栃木県立博物館調査研究報告書　国指定重要有形民俗文化財　野州麻の生産用具』栃木県立博物館
・栃木県立博物館　２００８年『平成20年春季企画展　野州麻　道具がかたる麻づくり』栃木県立博物館
・鳥浜貝塚研究グループ編　１９８４年『鳥浜貝塚　１９８３年度調査概要・研究の成果－縄文前期を主とする低湿地遺跡の調査４－』福井県教育委員会・福井県立若狭歴史民俗資料館
・野沢和孝　１９８４年「大麻の研究」『宇都宮地理学年報第2号』宇都宮大学地理学教室

・橋本智　2009年『とちぎ農作物はじまり物語』随想舎
・長谷川榮一郎・新里寶三　1937年『大麻の研究』長谷川唯一郎商店
・平野哲也　2001年「江戸時代後期における鹿沼麻の流通－在地商人による麻と魚肥との相互流通－」『鹿沼市史研究紀要　かぬま歴史と文化』6号　鹿沼市
・三河繊維振興会　1975年『三河繊維産地の歴史』三河繊維振興会
・壬生町史編さん委員会　1985年『壬生町史　民俗編』壬生町
・柳田國男　1998年「木綿以前の事」『柳田國男全集9』筑摩書房
・和漢三才図会刊行委員会　1970年『和漢三才圖會［上］・［下］』東京美術

［著者紹介］

柏村 祐司／かしわむら ゆうじ

1944年、宇都宮市生まれ。宇都宮大学教育学部卒
現在、栃木くらし文化研究所代表、栃木県立博物館名誉学芸員、とちぎ未来大使。その他の主な役職として栃木県歴史文化研究会顧問、下野民俗研究会顧問、栃木県民話の会連絡協議会顧問など。主な著書『栃木の祭り』、『ふる里の和食 宇都宮の伝統料理』、『栗山の昔話』、『なるほど宇都宮』、『下野の雷さまをめぐる民俗』など。

篠﨑 茂雄／しのざき しげお

1965年、宇都宮市生まれ。宇都宮大学大学院教育学研究科修了
現在、栃木県立博物館学芸部長。帝京大学非常勤講師。栃木県歴史文化研究会常任委員長。主な著書に『生活工芸双書 大麻』（共著）、『栃木民俗探訪』（共著）など。

野州の麻と民俗 人と麻に育まれた暮らしと文化

2024年11月2日　第1刷発行
2024年12月5日　第2刷発行

共著者　柏村 祐司・篠﨑 茂雄

発　行　有限会社 随 想 舎
〒320-0033 栃木県宇都宮市本町 10-3 TSビル
TEL 028-616-6605　FAX 028-616-6607
振替 00360-0-36984
URL https://www.zuisousha.co.jp

印　刷　晃南印刷株式会社
装　丁　栄舞工房

2024 Printed in Japan　ISBN978-4-88748-438-2